はじめに

「ええ、好きですとも!
わたしには海がすべてです。
海は地球のおよそ
十分の七をしめていて、
陸よりも広大で、純粋で、
生命力にあふれています」

ジュール・ヴェルヌ作/山本知子訳『海底二万マイル』ポプラ社(2022)p72

　ジュール・ヴェルヌの小説『海底2万マイル』でネモ船長は海への愛をこう語った。この言葉のとおり、海は地球表面の70%を覆っていて、多種多様な生物やそれを生み出すエネルギーに満たされている。しかし、海の大部分を占める深海に限ればどうだろうか。

　深海は極端に高い水圧と低水温によって、外部からの生物の侵入を阻んできた。太陽の光も届かないその暗黒の世界は、生産されるエネルギーの量も少ない。一般的に、そのような場所は生物が棲むのに最適な場所とは言いがたい。事実、ちょうど『海底2万マイル』がフランスで発表される19世紀の中ごろまでは、深海は生物のいない不毛の地だとする仮説が多数を占めていた。

　しかし、その後、世界中の研究者が深海探査を繰り返すことで、こうした考えは否定されていった。それどころか、現代では深海には我々の想像をはるかに超える豊かな生態系が存在することが明らかになってきている。深海生物たちはわたしたちの思いもよらぬ方法で過酷な環境を生き抜き、深海をその棲みかとしてきた。では、その驚くべき方法とは、どのようなものなのだろう？

　ページをめくり、ともにディープな深海生物の世界にダイブしてみよう。

目次

はじめに ... 002

第1章 深海ってどんなところ？

深海ってなに？ ... 008
深海ってどんなところ？ ... 010
深海ならではの環境と適応 ... 012
深海生物の生き残り戦略 ... 014
もっと知りたい① 深海生物の多様性 ... 016

第2章 軟骨魚類

フリルのようなエラをもつ
ラブカ ... 020

トンガリ吻が特徴のコワモテザメ
ミツクリザメ ... 024

ゾウさんみたいな吻をもつギンザメ
ゾウギンザメ ... 028

寿命が長すぎる巨体ザメ
オンデンザメ ... 032

カラダの一部を切り取る魚雷ザメ
ダルマザメ ... 034

愛嬌たっぷりな見た目の幻のサメ
オロシザメ ... 036

発光器官で身を隠す小型ザメ
ヒレタカフジクジラ ... 038

のびるクチでエモノをバキューム！
ムツエラエイ ... 040

もっと知りたい② 視るための適応 ... 042

第3章 硬骨魚類

円盤みたいな深海ウォーカー
アカグツ ... 046

眼の下をチカチカ光らせる発光魚
ヒカリキンメダイ ... 050

提灯の光でエモノを誘う
ミツクリエナガチョウチンアンコウ ... 054

スーパー視力で隠れたエモノを見つけ出す！
デメニギス ... 056

古代魚の特徴を色濃く残した生きる化石
シーラカンス ... 058

食べられてもコンティニューする伝説の魚
リュウグウノツカイ ... 060

スミを使う深海魚!?
アカナマダ ... 062

3色の発光を使い分ける
クレナイホシエソ ... 064

クラゲに隠れて暮らす
ハナビラウオ ... 065

会いに行ける深海魚
サギフエ ... 066

海底にたたずむ三脚魚
オオイトヒキイワシ ... 066

目玉がビョーンととびでたヘンテコ稚魚
ミツマタヤリウオ ... 067

他人のカラダにタマゴを産みつける!?
ヒメコンニャクウオ ... 068

胸ビレで味がわかるグルメハンター
サケビクニン ... 068

実はカワイイ"世界一みにくい生物"
ニュウドウカジカ ... 069

深海のフードファイター
ミズウオ ... 070

こう見えて実は……深海の早食い王！
ミドリフサアンコウ ... 071

人気食材だけどナゾ多き魚
アオメエソ ... 071

もっと知りたい③ 深海生物も恋をする？ ... 072

第4章 甲殻類

深海のおそうじ屋さんはゲロリスト？
ダイオウグソクムシ ... 076

成人男性をしのぐ巨大カニ **タカアシガニ** ……………………… 080	仲間を丸呑みにする!? **シンカイウリクラゲ** …………… 113
食べたサルパを家にする!? **オオタルマワシ** ………………… 082	釣りをするウサギの耳!? **コトクラゲ** ……………………… 114
たくさんのハサミをもつ潜伏ハンター **センジュエビ** …………………… 084	カニを抱っこして歩く海のブタ!? **センジュナマコ** ………………… 114
視るチカラに特化した個性派 **ギガントキプリス** ……………… 086	クチを開けてエサを待つ!? **オオグチボヤ** …………………… 115
胸毛の菌をこそいで食べる!? **ゴエモンコシオリエビ** ………… 087	死肉をむさぼるヌメヌメ悪魔 **ヌタウナギ** ……………………… 115
実は希少な食卓の人気者 **サクラエビ** ……………………… 087	もっと知りたい⑥ 深海のトッププレデター ……… 116
もっと知りたい④ 深海生物と巨大化 ………… 088	**巻末付録**
第5章 **軟体動物**	深海を調べる① 深海生物の採集 ……………… 118
	深海を調べる② 組織透明化(透明標本) ……… 120
深海のスーパーアイドルは「フリスビー」!? **メンダコ** ………………………… 092	深海を調べる③ 深海生物の観察 ……………… 122
貝のフリしたタコの仲間!? **オウムガイ** ……………………… 096	幼魚水族館の挑戦 ………………… 124
ホラーな見た目に似合わぬ平和主義者 **コウモリダコ** …………………… 100	さくいん …………………………… 126
身を隠すのが得意な透明イカ **ホウズキイカ** …………………… 102	参考文献(一部) ………………… 127
食卓でもおなじみの発光イカ **ホタルイカ** ……………………… 103	おわりに …………………………… 128
もっと知りたい⑤ 深海の栄養源 ……………… 104	

第6章
そのほかの生物

深海をフワフワ泳ぐ異形生物
ユメナマコ ……………………… 108

ウミグモたちのおやつスポット……?
ダーリアイソギンチャク ……… 110

植物っぽいけど実はクモヒトデ
オキノテヅルモヅル …………… 111

ネオンのように動く光を操る
ムラサキカムリクラゲ ………… 112

レア度について

この後の各生物の紹介ページでは「レア度」を独自に評価している。日本人が各生物をどのくらい目にする機会があるかを5段階で示すものだ。

★☆☆☆☆ 見られる
多くの水族館でいつでも展示されていたり、見る方法が用意されているもの。

★★☆☆☆ わりと見られる
水族館でよく展示されたり、採集しやすい生物。ここまではレアではない。

★★★☆☆ めずらしい
水族館での展示が少ない。採集例あるいは観察記録はそれなりにある。

★★★★☆ 超めずらしい
水族館の展示はほぼない。採集例あるいは観察記録もほとんどない。

★★★★★ まぼろし
水族館の展示は絶望的。採集例や観察記録も数えるほど。

~第1章~
深海ってどんなところ？

さまざまな生物がくらす深海の世界。
そこはどんな世界なのだろうか？
わたしたちがまだ訪れたことのない、
おどろきに満ちた深海の世界をのぞいてみよう。

DEEP SEA 01 おどろきに満ちた深海の世界
深海ってなに？

深海生物について語る前に、まずは深海についての基本的な知識をおさらいしていこう
ここでは深海という言葉が、なにを指すのか。その細かい意味を説明する

🌿 太陽の光が届かない！水深200mより深い海 🌿

海は水深ごとに表層（〜200m）、中深層（200〜1000m）、漸深層（1000〜3000m）、深海層（3000〜6000m）、超深海層（6000m〜）に大きく分けられる。一般的に、深海とは水深200mより深い海を指す。これに従うと、なんと海全体のおおよそ95%が深海に分けられるという。

では、なぜ水深200mが境界なのか。その大きな理由は光合成にある。水深200mよりも深い海には太陽光がほとんど届かないので、植物プランクトンなどが光合成できないんだ[※1]。太陽光を使って炭水化物などの有機物を生み出す光合成は基礎生産とも呼ばれ、食物連鎖の根幹をなす。

つまり、この基礎生産が盛んにおこなわれる表層はエサも豊富なので、生物多様性も特に高くて生物数も多い。だから、表層とそれ以外の層（深海）を区別してとらえるんだね。

ただし、同じ"深海"だからといって、中層より深い海をすべて一緒くたにはできない。最初に書いたとおり深海も複数の層で区分けされていて、それによって環境も生物のあり方も変わるんだ。

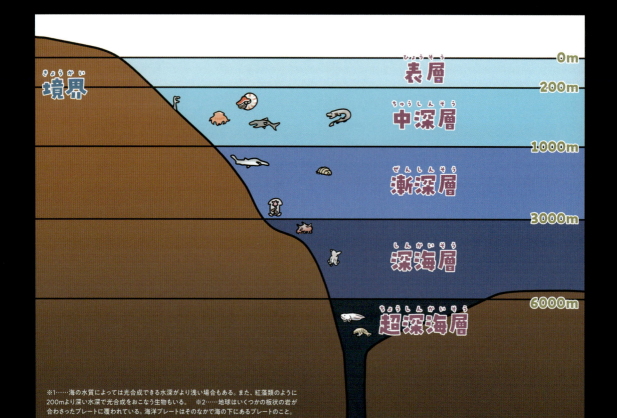

※1……海の水質によっては光合成できる水深がより浅い場合もある。また、紅藻類のように200mより深い水深で光合成をおこなう生物もいる。　※2……地球はいくつかの板状の岩が合わさったプレートに覆われている。海洋プレートはそのなかで海の下にあるプレートのこと。

深海といっても、その地形はいろいろ
～各地形の特徴～

深海にはただ暗い海が均一に
広がっているわけではない
深海も陸と同じく場所ごとに
さまざまな地形があり、
それによって環境が大きく変わる
ここでは代表的な深海の地形を説明しよう

図解参考・出典:『深海のふしぎ』(PHP)

海溝

細長い溝のように深く落ち込んでいる場所のこと。世界で最も深いマリアナ海溝は水深10,983mにもなり、単純に深さのみでいえばエベレスト（標高8,848m）を沈めても約2000m余る計算となる。海嶺で生まれた海洋プレートが移動し、ほかのプレートと衝突して地球内部へ沈み込む場所だと考えられている。

海嶺

海洋底にある海底火山の活動が盛んな山脈のこと。海嶺のうち海洋プレートを生みだし、海洋底を広げるものを中央海嶺という。地球全体で起きる火山活動の約80％がこの境い目に集中しているといわれている。海嶺は次々に海洋プレートを生み出すため、プレートは海嶺を中心にどんどん移動（拡大）していく。

大陸棚

陸地周辺にゆるやかに広がる浅瀬。約1～7万年前の氷河期に海面が下がったときに生まれたものとされる。大陸棚は平均すると岸からおおよそ沖合78kmまで続くとされるが、北極海では岸から400kmまで続く場所もある。水深が浅く、植物プランクトンによる光合成が盛んで栄養豊富なため、生物も多く集まる。

大陸斜面

大陸棚のフチから沖に向かって伸びる急斜面。その斜度は世界平均4度とされる。大陸斜面には海底谷という渓谷や、砂や泥などが扇状に積もった海底扇状地などの地形もある。また、傾斜が大陸斜面の1/8になったところから大洋底までをコンチネンタル・ライズと呼び、大陸斜面と区別することもある。

大洋底

大陸斜面に続いて広がる海底。水深は約3000～6000m程度で、すべての海洋底の約80％がこれに含まれる。大洋底には深海平原をはじめとして、平坦な地形が広がっているとされる（深海平原の平均勾配は0.1％）。ただし、完全に真っ平というわけではなく、実際には海底火山や海山、海台のような地形もあり、さまざま。

おどろきに満ちた深海の世界
DEEP SEA 02
深海ってどんなところ？

深海はさまざまな面で、わたしたちが知る海よりもツライ環境だ
では、深海のツラすぎる環境とはどんなものなのだろう？

[ココがツラい①] 高水圧

深海の水圧は非常に高い。水圧とは水によって生まれる圧力のことで、簡単にいえば水がモノをギューッと押しつけるチカラのことだ。水圧は水深0mを1気圧として、10m深くなるごとに1気圧ずつあがる。1気圧では1平方cm（小指の爪くらいの面）ごとに1kgの力がかかる。水深ごとにかかる水圧のイメージは右の表のとおりだ。ちなみに、金属バッドなら水深500mくらい（51気圧）でペシャンコになるといわれている。

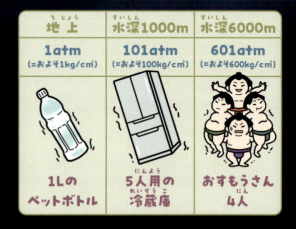

[ココがツラい②] 低水温

太陽の光が届かない深海は、水の温度がとても低い。たとえば、水深1000mより深くなると水温は2～4℃でほとんど一定になるけど、これは水温としてはとても低い。アメリカ沿岸警備隊によると0～5℃の水温では3分以内に手先が動かなくなり、15～30分程度で意識を失うとされている（水温をもとにした目安で、状況や体型などにより実際の時間は変わる）。とにかく陸上で生きるボクたちが生きられる水温ではない。

[ココがツラい③] 低酸素

深海は酸素の量がきわめて少ない。海水に溶けこむ酸素の量は水温によっても変わるが、おおむね右の図のとおり。一般的に植物プランクトンや海藻などが光合成を盛んにする海表面にはたくさん酸素がある一方で、光合成がおこなわれず消費ばかりされる深海では酸素量は低くなる。ただし、水深1000mくらいから深くなるにつれて酸素量が増えているように、ほかの地域で沈んだ海水が流れ込むことで酸素が増えるエリアもある。

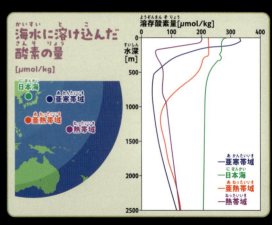

気象庁「海洋内部の知識:溶存酸素量」図1をもとに作成
(https://www.data.jma.go.jp/gmd/kaiyou/db/mar_env/knowledge/koyusui/yozonox.html)

[ココがツラい④] 真っ暗!

光は海水に入ると、すぐに散らばったり吸収されてしまう。つまり、水深が深くなるにつれ、光はどんどん届かなくなっていく。太陽光に含まれる光のうち赤い光は真っ先に届かなくなり、青色が最も深くまで届く。いずれにせよ、水深200mにもなると光は海面の0.1%になり、水深1000mでは100兆分の1程度のごくごくわずかな光になる。水深1000mを超えると生物が感じ取れる限界を超えるため、完全な暗黒の世界といわれる。

[ココがツラい⑤] エサ不足

光合成は表層でおこなわれ、食べる食べられるといった食物連鎖が最も盛んにおこなわれるのも表層だ。こうした生命活動の中心となる表層から遠く離れた深海は、エサがきわめて少ない。そのため、深海生物はエネルギー消費をおさえつつ生物の死骸や残骸、ウンチなどを食べたり、あるいはたまに表層にエサを食べに行くなどして生きながらえている。また、化学合成によってエネルギーを得る生物もいる(詳しくは次のページで)。

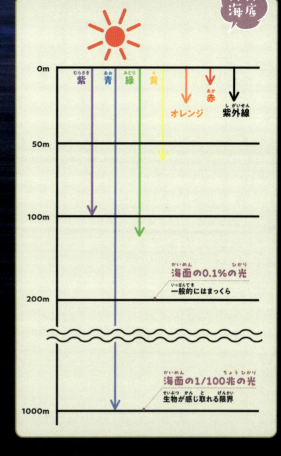

深海はツラすぎるけど、最後の新天地でもある!

深海生物は、なぜこうもツラい深海で生きようとするのだろうか。答えは彼らに聞かないとわからないが、一般に彼らは表層での生き残り競争に負けて深海に逃げ込んだのだといわれる。

多くの生物が生き残りと繁栄をかけてしのぎを削りあう表層は、厳しい競争の世界だ。環境にうまくフィットして生き残る勝者もいれば、環境によって絶滅に追い込まれる敗者もいる。深海生物は表層においては敗者に近い生物だった。

しかし、深海生物は絶滅しなかった。彼らがライバルや外敵を避けるように、生物のあまりいない海の深くに潜っていったからだ。

彼らはキツイ環境にフィットするように時間をかけて進化した。その結果、彼らは深海でも生きられるカラダを手に入れた。そうなると、深海のキツイ環境は一転して表層の生物から自分たちを守る強力なバリアになった。彼らは自分たちが勝てる場所を見つけて、そこで勝負する道を選んだんだ。

自分たちよりも強かった生物が、表層内で競争に負けて絶滅することもあった。しかし、深海に生きる生物たちはマイペースに生き残った。地球環境の大きな変化で表層の生物のほとんどが死滅したときも、環境変化の少ない深海に生きる彼らは無事だった。

深海はキツイ環境だけど、それにフィットできる生物にとっては生き残りのチャンスに満ちた最後の新天地なんだね。

おどろきに満ちた深海の世界
DEEP SEA 03
深海ならではの環境と適応

適応とは自分のカラダや機能を環境にぴったりとフィットさせることだ
深海ならではの特殊な環境には、そこに適応した生物がたくさんいる

超高圧な水深1万mの世界

前のページで水深が深くなるにつれて水圧が高くなると説明した。水深1万mともなると1001気圧。1cm²に1トンの重さがかかる計算で、想像を絶するほど高圧の世界だ。

かつては、そんな環境で生きられる生物はいないだろうと考えられていた。実際、水深5000mあたりになると貝や甲殻類のカルシウムは溶け出すし、水深8000mあたりを超えるとタンパク質が壊れてしまうためほとんどの魚類は生きられない（普通ならば）。水深1万mを死の海と考えるのは、科学的にはもっともだった。

しかし、2009年にはマリアナ海溝の最深部（チャレンジャー海淵）で185匹ものカイコウオオソコエビが採取された。甲殻類である彼らが、どうしてそれほどの水深で生きられるかについては一時はアルミニウムでカラをコーティングしていると説明されていたが、後に否定されている。ハッキリとした理由は今もわかっていないけれど（2024年9月現在）、一説には臭素のコーティングをカラに施している可能性が指摘されている。

カイコウオオソコエビ（水深10,920mにも生息）
彼らはエサの面でも超深海に適応していて、生物の死骸のほか、沈んだ木なども食べていると考えられる。

ヨミノアシロ（水深8,370mで採集）
深海魚のなかで最も深いところから発見された魚（2024年9月現在）。1952年にプエルトリコ海溝の8,370mで採集された。

シンカイクサウオ（水深8,336mで撮影）
ヨミノアシロとともに最深記録を争っている深海魚。水深8,336mでも撮影されている（2024年9月現在）。

熱水噴出孔

熱水噴出孔とは、地球内部の熱で温められた熱水が噴き出す亀裂のこと。火山活動が盛んな場所に多く、そこから噴き出す熱水は数百℃の高温となる。その周辺は一見すると生物がくらすには不向きに見えるけど、実際はその逆で深海の中でも生物活動がとても盛んな場所だ。

熱水噴出孔の周辺に生きる生物は、噴き出す熱水に含まれる化学物質を目当てにしている。たとえば、バクテリアの一種である硫黄細菌は、熱水に含まれる硫化水素を酸素と化学反応させて、硫黄と水を生み出す。このときに発生した化学エネルギーをもとに有機物を合成しているんだ。このようなバクテリアを化学合成細菌という。

また、ハオリムシのように、化学合成細菌を自分のカラダに共生させることで生きている生物もいる。ハオリムシは硫化水素を取り込んで硫黄細菌に渡し、見返りに硫黄細菌から有機物をもらって生きている。こうした生物はほかにもいて、熱水噴出孔の周囲には化学合成を中心とした独自の生態系が築かれているんだ。

ガラパゴスハオリムシ
ハオリムシの一種。ミミズなどと同じ環形動物の仲間で、全長は2m前後となる。チューブの先にある赤いハオリという部分から硫化水素を取り込む。

熱水噴出孔
地球内部で熱せられた水が噴き出す熱水噴出孔。熱水にはさまざまな成分が含まれ、成分によっては写真のように煙をあげているように見えるものもある。

クジラの死骸や骨

クジラなどの大型生物の死骸が海に沈むと、そこに多くの生物が集まる。単純に死肉をエサにする生物だけではなく、その大きな骨に含まれるアブラを利用する生物やその過程で生まれる化学物質を目当てとする生物なども集ってひとつのグループ(鯨骨生物群集)を、独自の生態系のようなものが築かれることがある。鯨骨周辺の生物量はほかの深海底に比べて多く、固有種もいる。

たとえば、鹿児島県内の海に研究目的で沈められたマッコウクジラの死骸からは、ホネクイハナムシという特殊な多毛類が発見されている。

ホネクイハナムシはカラダの根っこのような部分を鯨の骨に埋めるようにくっつけて生きる生物で、骨から得られるアブラを共生細菌に分解させて栄養を得ていると考えられている。

ホネクイハナムシに限らず、鯨骨生物群集で新発見された生物はいくつか報告されている(ゲイコツマユイガイなど)。これらの生物はまさに鯨骨を取り巻く特殊かつ複雑な環境に自らを適応させた生物の代表例といえるだろう。

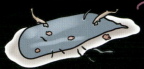

腐肉食期
さまざまな生物がやわらかい肉を食べる。

まずヌタウナギやコンゴウアナゴのような腐肉をエサとする生物が集まる。やわらかい肉の部分を数か月から数年かけて食べつくす。

骨浸食期
ホネクイムシなどが骨の有機物を分解する。

骨が露出すると今度はホネクイハナムシのような多毛類がそれを分解し始める。骨に含まれるアブラのような有機物を分解していく。

化学合成期
骨の分解で生じた化学物質を化学合成生物が消費する。

骨の有機物が分解されるなかで発生した硫化水素やメタンといった化学物質を利用する化学合成生物が集まる。

懸濁物食期
有機物が消費しつくされた骨は、生物の棲みかになる。

骨にくっついて海中のマリンスノーなどを食べる生物が集う。しかし、これはあくまで仮説で実際には確認されていない。

おどろきに満ちた深海の世界

DEEP SEA 04
深海生物の生き残り戦略

深海の特殊な環境で生き残るには、生物もそれに合わせて進化しなくてはいけない
深海生物はどんな風に深海に適応しているのだろう?

①浮きも沈みもしない"中性浮力"を得る

中性浮力とは浮くチカラと沈むチカラが釣り合っている状態のこと。つまり、そのままだと浮きも沈みもしない現状維持の状態だ。

深海においては中性浮力の獲得が重要になる。自然と浮き沈みすると、浮力調整のために無駄に動かなくてはいけない。エサの乏しい深海では無駄に動く余裕などないから、中性浮力を獲得できるかどうかで生きるか死ぬかが変わってくる。

では、どうすれば中性浮力が得られるのか。細かく説明すると右下の計算式のようになるけど、結論からいえば水の密度と生物の密度が釣り合えばいい(密度については下に記載)。

多くの場合、深海生物はカラダの密度を下げる(軽くする)方向に適応する。密度を下げるというと鰾のようなものを考える人も多いが、深海ではガスは圧縮されるのでガスでは調整できない。な

解決策1:アブラっぽくなる
内臓、骨、筋肉、皮下などの脂質(アブラ)の割合を増やす(サメの肝油など)。脂質は海水よりも密度が小さい。

解決策2:水っぽくなる
体液内の塩分量を減らし、塩の分だけ海水よりも密度を小さくする。ミズウオが水っぽい肉質なのはこれが理由。

解決策3:重い部位を減らす
ウロコやヒレ、脊椎、骨、筋肉や皮といった密度の高い部位をできる限り減らす。

ので、ガスの代わりにアブラなどを鰾につめて、浮力を調整する。アブラは水よりも軽いので、アブラが多いほど密度が小さくなるんだ。適応方法はほかにも上にまとめたようなものがある。

密度とは?
モノを立方体に分けたときのひとつあたりの重さ(平均)

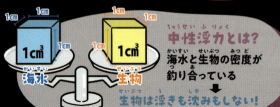

中性浮力とは?
海水と生物の密度が釣り合っている
↓
生物は浮きも沈みもしない!

もっと知りたい! 揚力の計算式

なぜ海水と生物の密度が釣り合っていると中性浮力になるのか。深く理解したい人は、計算式も見てみよう。

ゼロ⇒浮きも沈みもしない

$$揚力 = \frac{魚の重量 \times 重力加速度 \times (魚のカラダの密度 - 海水の密度)}{魚のカラダの密度}$$

ここがゼロになればいい!

※モノを落としたときに、モノのスピードが時間あたりにどれだけ上がるかの値

②環境に合わせた眼の サイズを選択!

深海には光がわずかながら届くところもあるけど、ウラを返すとそういうところでもわずかしか光が届かないという意味でもある。

深海生物のなかにはどうせ大して見えないなら……と眼を退化させる生物もいる。たとえば、右のフクロウナギなどはカラダに対して、明らかに小さい眼をもつ。

ただし、これも一概には言い切れない。ダルマザメを見ればわかるように、むしろ頭に対して眼を大きくしたり、タペタム（詳しくはP42-43）を手に入れた生物もいる。適応の仕方はいろいろなんだね。

ダルマザメの瞳

緑の瞳は、タペタム（反射板）によるもの。光を反射させて倍に増やして、より感じ取りやすくしている。

フクロウナギ類の瞳

フクロウナギの仲間は、瞳が小さくなっている。暗闇では重要でない視力を退化させた生物もいる。

③生物発光を利用する

深海生物には発光（生物発光）する生物がたくさんいる。発光する深海生物として最もイメージされるのがチョウチンアンコウだろう。彼らはおでこの突起（エスカ）を光らせて、その光におびき寄せられた生物を食べるといわれている。

しかし、生物発光の目的はほかにもあり、自分を隠すためのカウンターイルミネーション（くわしくはP38-39など）や敵を威嚇する、コミュニケーションをとる、気をそらす、煙幕を張る……などさまざまな目的に利用される。しかし、そのすべてをここで説明することは難しいので、詳しくはこの後の各生物の説明を読んでもらいたい。

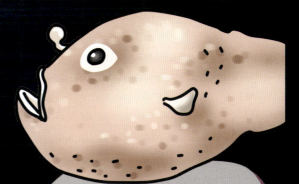

ミツクリエナガチョウチンアンコウ

チョウチンアンコウは、エスカ（ルアーともいわれる）を提灯のように光らせてエモノをおびき寄せるといわれる。

④貴重なエサを確保する

深海は生物の量が少なく、エサと出会う機会はとても貴重だ。一瞬のチャンスを逃さないように、エサを確実にとらえる能力が重要となる。

たとえば、ホウライエソの仲間たちは歯をまるで檻のように進化させた。さらに彼らのアゴは90度開くことができるだけでなく、胃も広がっているために体長の半分以上のエモノでも丸呑みにできるという。

ただし、深海生物のなかにはそもそも狩りを必要としない生き方（死骸を食べる、マリンスノーを食べるなど、その方法もいろいろある）をしている生物もいる。

ヒガシホウライエソ

ホウライエソが属するワニトカゲギスの仲間の歯は、鋭くて内側に反りかえっている。とらえたエモノを逃さないように進化したものとされる。

|第1章|深海ってどんなところ？ 015

COLUMN もっと知りたい ①

深海生物の多様性

かつては深海にはどこも似たような環境が広がっていて
同じような生物しかいないと考えられていた。しかし、実際に深海調査が進むにつれて
そうした考えは過去のものとなっている

深海に生物多様性はない？

深海の調査がまだ進んでいなかった時代、深海に**多様な生物はいない（生物多様性はない）**と考えられていた。

一般に生物は多様な環境にピッタリと合うように自分を進化させることで、さまざまな強み・弱みをもつ生物へと枝分かれしてきたとされる。当時は深海はどこも変化の少ない環境が広がっていると考えられていたから、それならば、そこに棲む生物も似たようなものしかいないと予想されていたんだ。

しかし、みんなも知っているとおり、この予想はまったく間違っていた。実際に深海を調べてみると、そこに生きる生物はむしろ多様性に富んでいることがどんどん明らかになってきたんだ。

深海の環境もイロイロある！

現在は、深海は想像以上に複雑な環境だとする**パッチモザイク仮説**が唱えられている。深海底をパッチという細かい区画に分けてみると、まるでモザイクのようにバラバラの環境が広がっていて、たがいに影響を与え合いながらいつも変化している。そうした多様で複雑な環境に合わせて、

深海探査
世界中の科学者による探査のおかげで、深海の環境ははじめに想像されていた以上に多様かつ複雑であることが判明している。もちろん、さまざまな環境に適応したそれぞれの生物やそのつながり（生態系）も多様だ。

多様な生物が生まれているというわけだ。

実際にこれまでの調査結果によると、深海底の各パッチに積もった泥ひとつとっても(粒子の大きさや含まれる物質など)それぞれちがう。海流はもちろんのこと、泥を食べてフンを出したり巣穴を掘るといった生物の活動、泥が大陸斜面を転げ落ちる自然現象によって、深海の環境は常に変化している。それだけでなく季節ごとに表層から降ってくるマリンスノー[※1]の量にも差があるので、深海にも季節のようなものがあることも明らかになってきた。

多様性を支える"棲みこみ連鎖"

また、海表面と深海底の間に広がる空間(水柱)における多様性は、生物同士の棲みこみ連鎖が支えているという[※2]。この場合の棲みこみ連鎖とは、生物がおたがいのカラダを棲みかとして提供し合うことでつながる仕組みを指す。

たとえば、中層に生息するアカチョウチンクラゲの表面には、ヨコエビ類などのほかの生物がくっついていることがある[※3]。つまり、アカチョウチンクラゲは、自分のカラダをヨコエビに棲みかとして提供しているんだ。

しかし、アカチョウチンクラゲはただ棲みかを提供するだけではない。アカチョウチンクラゲもまた幼いころは、ダイオウキビシガイという翼足類の貝殻にくっついて生活しているのだという。深海ではこうした生物同士の棲んだり、棲まれたりの関係が生物のくらしを支える仕組みになっているという。このようにそこに生息する生物自身がおたがいに棲みかとなることで、ほかの生物に対してバリエーション豊かな環境を提供し合っているというんだ。

なかったのではなく"知らなかった"

まとめると、生物多様性もそれを支える環境の多様性も"なかったの"ではなく"知らなかった"のだ。しかし、知らないという点では、今も深海はナゾに包まれた部分が圧倒的に多いはずだ。そのことは、たびたび発見される新種の深海生物のニュースから見ても明らかだ。また、最近でも深海底の地下には海底下生命圏と呼ばれる微生物の世界が広がっていることがわかっており、新たな生命圏として注目を集めている。

深海とそこに棲む生物の探求は、まだまだ始まったばかりなんだね。

生物多様性ってなに?

地球上には小さい細菌から巨大なクジラまで個性豊かな生物がいて、おたがいに直接・間接的につながり影響を与え合ってきた。こうした多様な生物のつながりやバランスを「生物多様性」という。これには下にまとめた3つのレベルがあり、すべてが長い時間をかけて築かれた貴重なものだ。生物多様性は、それ自体がわたしたちの生きる世界を支える基盤として存在するもので守らなくてはいけないと考えられている。

生物多様性の3つの意味

①種の多様性
さまざまな種に分かれた生物がいること。

②遺伝子の多様性
同じ種の生物でも豊富な遺伝子のバリエーションがあって、大きさや形、模様などに個性があること。

③生態系の多様性
たとえば海でも、干潟、浅い海、深海などさまざまな自然があって、そこに合った生物同士のつながりがあること。

[※1]……深海で水深の浅いほうから深いほうへ沈む有機物・無機物の粒。動物や植物プランクトンなどの死骸・フンのほか砂などでできており、深海の栄養源となる(⇒P104-105)。 [※2]……深海と地球の事典編集委員会:深海と地球の事典.丸善出版 (2014) pp55-57 [※3]…… Lindsay, D.J. et al. :The anthomedusan fauna of the Japan Trench: Preliminary results from in situ surveys with manned and unmanned vehicles. JMBA. 88 (2008) pp.1519-1539

～第2章～
軟骨魚類
サメ・エイ・ギンザメの仲間

ラブカ
⇒P020-023
サメなのに強く咬めない!?

この章で紹介する生物（一部）

ヒレタカフジクジラ
⇒P038-039
サメなのに発光する!?

ミツクリザメ
⇒ P024-027
パチンコみたいに飛び出すアゴ

軟骨魚類って
どんな生物？

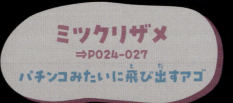

軟骨魚類は、カラダのすべての骨が軟骨（弾力性のあるやわらかい骨）でできた魚のグループで、サメ、エイ、ギンザメの仲間からなる。ここからは、およそ850種以上いるという軟骨魚類に属する深海生物を紹介していこう。

ムツエラエイ
⇒ P040-041
エラの数が一対多い!?

| 第2章 | 軟骨魚類　019

フリルのようなエラをもつ ラブカ

怪獣のような奇妙な深海ザメは
実はあてずっぽうの狩りをしている?
その意外な生態を見ていこう

DATA

ラブカ
[カグラザメ目ラブカ科]

体長		およそ2m
食べ物		海底の小型生物/小型の魚類
水深		100m〜1500m
生息域		太平洋・大西洋・西インド洋
レア度		★★★★☆

三ツ又の歯!

エモノは逃さない!

ラブカの歯
三ツ又の歯は内向きに並んで生える。一度クチに入ったエモノを逃さないためのカタチで、原始的な特徴を残す。

じっ……

呑み込むタイミングも探っている？

岩に咬みついていることも……
監修の石垣先生が飼育していたラブカは、水槽の岩にじっと咬みついていたこともあったそう。岩をエモノと勘違いしたのだろうか？

写真：Photoshot/アフロ

コワそうな顔だけど、アゴのチカラは激ヨワ!?

　現代の一般的なサメのクチは下側についているが、これはアゴを強力にするために進化したものだ。ボール紙を切るときにハサミの先よりも根元を使ったほうが切りやすいのと同じで、アゴ骨と関節の距離が短いほど咬むチカラは強まる。サメはこのアゴのチカラを使って、エモノをつかまえて食べている。

　一方で、ラブカのクチは、古代ザメのように前側についている。これだと関節とアゴ骨の距離が長くなるので、強く咬めない。事実、ラブカにウデを咬ませた経験のある監修の石垣先生によれば、その咬みつき力は「トングで挟まれた程度」らしい。つまり、激ヨワだ。しかし、それではラブカはどうやってエモノを食べているのだろう？

　ポイントとなるのが、ラブカの歯だ。ラブカの口内を見てみると、そこには三ツ又フォークのような歯が内向きにたくさん並んでいることがわかる。たとえラブカの咬みつきが弱かったとしても、クチに入ったエモノにはこの歯が食い込むので簡単には逃げられないというわけだ。

参考文献：後藤仁敏、橋本巌『生きている古代魚ラブカ*Chlamydoselachus anguineus*の歯に関する研究 I.歯の形態・構造・組成について』歯基礎誌：18（1976）/仲谷一宏『サメー海の王者たち 改訂版』ブックマン社（2016）

エモノをクチにとじこめて弱らせる?

ラブカの頭を見ると、頭蓋骨とアゴ骨の占めるスペースが大きく、ほとんど鼻先に余分なスペースがない。つまり、ラブカはあまり大きなロレンチーニ器官※1をもっていないので、周囲の生物の動きを感じ取ったり、磁場を通じて方角を判断することは苦手らしい。泳ぎも遅いので、エモノを追いかけるような狩りは苦手だと考えられる。

だから、ラブカの狩りは行き当たりばったりの可能性がある。つまり、クチを開けたまま深海をアテもなく泳ぎ回り、エモノが現れるのを待っているのかもしれない。そして、真っ暗な深海でエモノがラブカにうっかり近づいたところで、バクッとクチを閉じて捕まえるのだろうか。

普段は泳ぎの遅いラブカだけど、大きな尾ビレのおかげでごく短い距離であれば突進して襲いかかることもできる。体力を使うので(群れに出会ったときなど)ここぞの場面には、そうした突進も利用しながらエモノに食らいつく。そして、クチのなかにエモノをとじこめて、エモノが弱ったところで丸呑みにするというわけだ。

捕食方法についての予想

へび みたいに?

歯にひっかけて離さない

ラブカは古代ザメの仲間とされるが、アゴと頭の間接は新ザメの特徴に近い。彼らが古代ザメか新ザメかはまだ結論が出ていない。

スイ〜スイ〜

妊娠期間はまさかの3年半!?

　サメの仲間の6割がそうであるように、ラブカも赤ちゃんをお腹（子宮）の中で育てる。お腹の中にタマゴがあって、赤ちゃんは最初は風船のような薄茶色の卵殻（カラ）に包まれた状態で成長するんだ。やがて、赤ちゃんはこの卵殻を破って出てくるけど、その後もしばらくはお母さんのお腹の中で育つらしい。

　驚いたことに、ラブカの妊娠期間は3年半にものぼる。これは妊娠期間の長さで知られるゾウの記録（650日間）をはるかにしのぐものだ。サメ・エイの仲間の妊娠期間は体温（水温）のほか代謝速度と関係しているという研究もあり※2、ラブカの妊娠期間も栄養の乏しい深海に適応するため代謝※3を低くおさえた結果かもしれない。

　また、ラブカの赤ちゃんのお腹には大きな卵黄がくっついてる。この卵黄にはたくさんの栄養がつまっていて、ラブカはここから栄養をもらいながら少しずつ大きくなっていくんだ。このように育つサメはめずらしくなく、ツノザメ類を始めとしたさまざまなサメに広く見られる特徴だ。

赤ちゃん

卵殻をとると……

卵殻
妊娠中のラブカの中にいる赤ちゃんの写真。最初は卵殻に包まれているが、赤ちゃんは後に卵殻を破いてタマゴの外に出てくる。

人工出産が保全のカギ?

　水族館におけるラブカの長期飼育はまだ実現していないけど、その原因は深海から引き揚げられるときに水圧差で肝機能が壊れるせいではないかと考えられている。ならば、もともと水槽で生まれ育ったラブカであれば、水圧差で肝機能が壊れないので長期飼育できるかもしれない。この考えのもと、東海大学海洋科学博物館とアクアマリンふくしまでは、ラブカを水槽内で人工出産・保育する技術を研究している。そして、2016年には実際にお母さんラブカから3つのタマゴを人工的に取り出し、そのうちひとつを約1年近い361日間にわたり育てることに成功したそうだ。

　ラブカを未来に残す（保全する）ためにも、この技術の確立は大切だと考えられているんだ。

ヒレタカフジクジラ
写真：沖縄美ら海水族館　写真：沖縄美ら海水族館
沖縄美ら海水族館では、同じく深海性の胎生サメであるヒレタカフジクジラ胎仔の人工子宮を用いた育成・人為的出産に成功している。

~HYPOTHESIS~ 仮説 クチを開けて呼吸?

ラブカはクチを開けて泳ぐが、これはエラ呼吸を助けるためかもしれないという。ここではその仮説を紹介しよう。

クチを通じて大量の海水をエラに通している?

　ラブカはいつもクチを開けながら泳ぐことで知られる。その理由についてはハッキリしていないが、これは呼吸のためではないかという説もある。深海は酸素が少ないので、効率的な呼吸をおこなう必要がある。もちろんこの場合の呼吸とは、エラ呼吸のことだ。ラブカのクチはエラにつながっているので、たとえば水流のほうを向いてクチを開いていればそれだけで海水がたくさん通り効率的なエラ呼吸ができるというわけだ。

海水をたくさん通して呼吸してる?

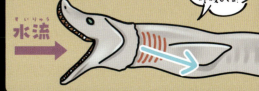

水流

※1……軟骨魚類などが持つ電気受容感覚器官。　※2……徳永壮真『サメ・エイ類の妊娠期間はどんな要因で決まるのか?』Biology Open．(2022)　※3……体内で物質を変化させる化学反応のこと。生物は代謝を通じて食べたものを消化・吸収してカラダの一部にしたり、食べたものを分解してエネルギーを取り出している。

トンガリ吻が特徴のコワモテザメ
ミツクリザメ

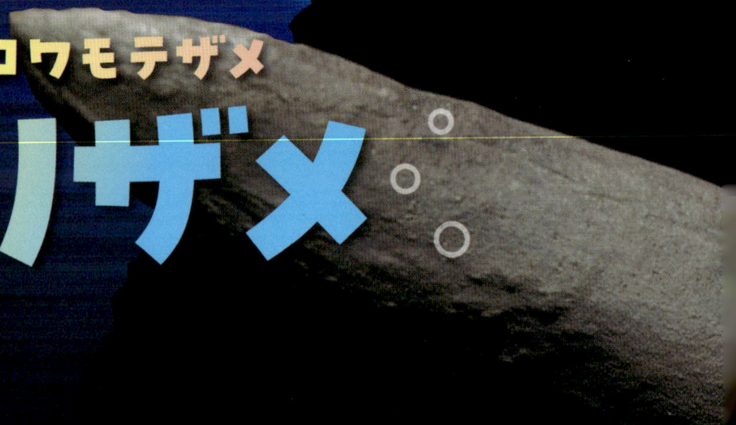

鬼のような見た目のサメは
そのイメージに反して
泳ぎが苦手なか弱い生物だった!?

DATA
ミツクリザメ
[ネズミザメ目ミツクリザメ科]

- **体長**｜およそ1〜2m
- **食べ物**｜海底の小型生物、小型魚類など
- **水深**｜100m〜1300m
- **生息域**｜駿河湾、相模湾／太平洋、インド洋はじめ世界各地
- **レア度**｜★★★★☆

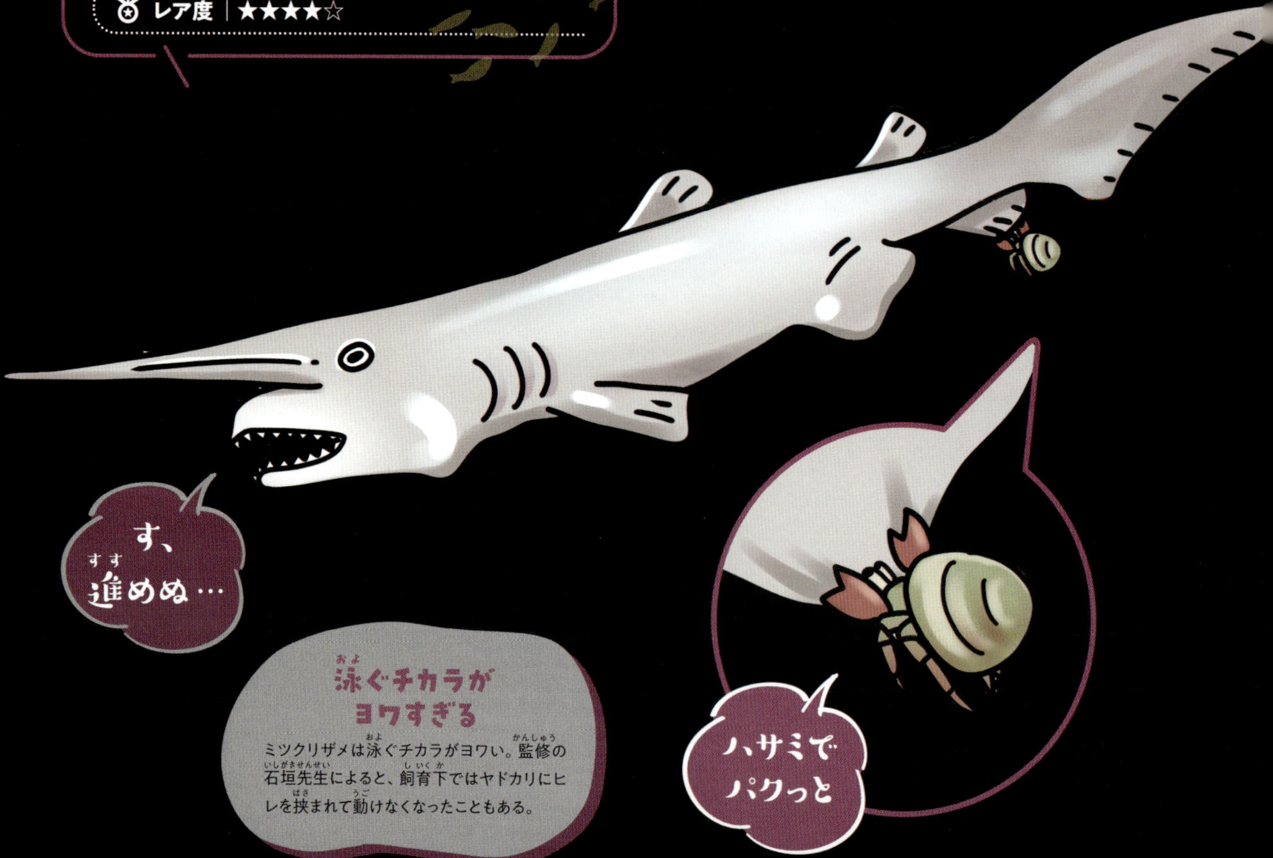

す、進めぬ…

泳ぐチカラがヨワすぎる
ミツクリザメは泳ぐチカラがヨワい。監修の石垣先生によると、飼育下ではヤドカリにヒレを挟まれて動けなくなったこともある。

ハサミでパクっと

湧昇流に負けた？※1

流れに逆らえず？

監修の石垣先生は、砂浜に打ち上げられたミツクリザメを発見したこともあるそう。流れに逆らえずに打ち上げられたのだろうか……？

写真：Alamy/アフロ

コワそうだけど泳ぐチカラがヨワすぎる……!?

トンガリ吻に鋭い瞳、そして凶悪そうなギザギザ歯……顔だけ見るとコワそうなミツクリザメだけど、実はとってもヨワいサメらしい。アゴもそれほど強くなく、実際に指を咬まれても歯が刺さって血が出るくらいだという※2。

また、ミツクリザメは泳ぐチカラが低いことでも知られる。監修の石垣先生は飼育下のミツクリザメが動けなくなった現場を目撃したそうだが、原因は同じ水槽に入れていたヤドカリのハサミがヒレを挟んでいたせいだったという。小さなヤドカリに力負けしたかはわからないが、その疑いをかけられるくらいには泳ぎが苦手らしい。

そんなミツクリザメだが、一方で小回りをきかせた泳ぎは得意だという。事実、狭い水槽の中では平たい吻を起こすことでブレーキ代わりにして、うまく方向転換することが報告されている※3。真っ暗な深海ではエモノと出会う距離は、浅い海にくらべてとても近い。ミツクリザメは間近に迫ったエモノに臨機応変に対応できるよう、小回りのきく泳ぎを優先しているのだろうか？

※1……海流の一種。深い層の海水が表層に湧き上がるようにして流れるもの。　※2……三森亮介『ミツクリザメの飛び出すアゴ』東京ズーネット(2020.09.30閲覧)　※3……柳沢践夫『水槽内におけるミツクリザメの行動』動物園水族館雑誌:27(1985)

食べるときはアゴがとびだす

現代のサメ（新ザメ）は軟骨の構造によって、アゴを前に突き出すように動かせる。ミツクリザメもアゴを前に突き出せるけど、そのスピードと突き出す距離はサメ類のなかでもダントツだ。左の図はこのことを報告した北海道大学・仲谷一宏先生の論文をもとに、ミツクリザメがエサをとるときのアゴの動き（通称・パチンコ式摂餌）をコマ撮り風に図解したものだ。

この図からもわかるとおり、まずミツクリザメはエモノを見つけると、下アゴだけを高速で引き下げて最大111度まで大きく開く。そして、その直後に両アゴを前に突き出しながら閉じるんだ。アゴを突き出す距離の大きさもインパクトがすごいけど、この動作を0.3秒程度で完了するというスピードの速さにも驚かされる。出会い頭にこんな高速でアゴを動かされたら、逃げる間もなくミツクリザメに捕まってしまうだろう。ミツクリザメは泳ぎの遅さを、この素早いアゴの動きでカバーしているんだね。

ミツクリザメのパチンコ摂餌※1
ミツクリザメはサメの仲間のなかでも最も速く、遠くにアゴを突き出せる。くわしいアゴの動きを図解で見てみよう。

- 下アゴを高速で下げる
- 大きくクチを広げる
- 上アゴと下アゴが前にのびる
- 一瞬で……
- 閉じる
- もとに戻る

エモノは歯で引っかける？

ミツクリザメの歯は、長く鋭い針のようなカタチをしている。こんな歯でどうやってエモノを咬み切るのだろうか？

最初に説明すると、サメの歯の役割は大まかに「おさえる」「刺す」「切る」の3つに分けられる。ミツクリザメの針のような歯は典型的な「刺す」歯の特徴で、エモノをつかまえるのが役割だ。このこ

とから彼らが基本的にはやわらかいイカなどを口内に捕えて丸呑みにしていることがわかる（なお、この歯はミツクリザメの属するネズミザメ目に共通する特徴だ）。

ところで、ミツクリザメが狩りをする深海底には甲殻類（カニなど）もいるはずだが、こうしたエモノは見るからに丸呑みには適さないように見える。彼らはどうやって甲殻類を食べているのだろうか？　実はミツクリザメの奥歯は、前歯よりもやや太く鈍い三角形になっている。ミツクリザメはこの奥歯を使ってカラをすりつぶすことで、硬い甲殻類もエサにできるのかもしれない。

クネクネ〜

ミツクリザメは、尾びれをウナギのようにクネらせながら振るようにして泳ぐ。そのスピードは遅い。

~CONSIDERATION~
考察 成長に伴い深海へ下りる？

日本で捕獲されるミツクリザメのサイズは、ある一定の幅におさまる傾向が強い。その理由は捕獲方法にあるのかもしれない。

サイズは捕獲された水深による？

　日本で捕獲されるミツクリザメは、漁業の網に誤ってかかってしまったものだ。海に魚の進路をさえぎるように網をはると、通過しようとした魚が網目に刺さるようにして引っかかる。この網（刺し網）にミツクリザメも時々かかってしまうらしい。
　現在捕まるミツクリザメはだいたいが1〜2m程度の大きさだというが、これは網の設置された水深と関係があるのかもしれない。ミツクリザメは成長するにつれて深い水深に棲みかを移すとされるからだ。ミツクリザメは最大6m近くまで成長すると予想されており、より深い海にはもっと巨大なミツクリザメが潜んでいるかもしれない。

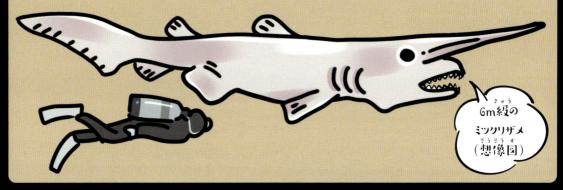

6m級のミツクリザメ（想像図）

※1……仲谷一宏、Kほか『Slingshot biting of the goblin shark *Mitsukurina owstoni* (Pisces: Lamniformes: Mitsukurinidae)』Scientific Reports:6 (2016) にもとづき作成

ゾウさんみたいな吻をもつギンザメ
ゾウギンザメ

個性的な長い吻をもつギンザメは
なぜこんなカタチに進化したのだろう
その理由は彼らのエサ取りにあった？

DATA

ゾウギンザメ
[ギンザメ目ゾウギンザメ科]

- 体長 ｜ およそ50~150cm
- 食べ物 ｜ 海底の貝類など
- 水深 ｜ ~700m
- 生息域 ｜ オーストラリア・ニュージーランド
- レア度 ｜ ★★☆☆☆

エサを探すゾウギンザメ

野生のギンザメは、海底に吻を引きずって泳ぐ。吻先にはセンサーがあり、これにより砂や泥に潜った貝などを見つける。

吻先にセンサー（ロレンチーニ器官）がある

ペッ!!

貝はカラだけはきだす
好物の貝のカラは、板のような平べったい歯（歯板）で砕いて中身だけ食べる。余ったカラはペッと吐き出す。

長い吻でエサを探して海底を掘る!?

　ゾウギンザメは、見てのとおりゾウのように長い吻が特徴のギンザメだ。日本では水族館くらいでしか見ることのできない魚だけど、生息地であるニュージーランドやオーストラリアでは食用にされるくらい身近な魚だ。

　野生のゾウギンザメは、吻を海底に引きずりながら泳いでいることが多い（飼育下でも水槽の底に吻をつける姿がしばしば確認される）。もちろん、これは吻が重くて仕方ないわけではなく、彼らのエサ取りに関係した習性だ。

　ゾウギンザメの吻の先には、サメやエイと同じくロレンチーニ器官とよばれるセンサーがある。これを海底に当てることで、砂や泥に潜っているエモノを探しあてる。

　エモノを発見すると、ゾウギンザメは吻のすぐ後ろにあるクチでそれを吸い込む。クチのなかには板のように平たい歯（歯板）が並んでいて、部分的にはとてもカタい。ゾウギンザメはこの歯を使って貝などの頑丈なカラを砕き、中身を食べているんだ。

第2章｜軟骨魚類

ゾウギンザメは大きな音や強い光に弱い。ちなみに、弱ると肌が幽霊のように白くなり、英名(ゴーストシャーク)らしい姿になる。[※1]

写真:Nature Picture Library/アフロ

背ビレに毒トゲがあるけど毒はヨワい……

第一背ビレ(最も前側の背ビレ)には、毒があって刺されると腫れて痛む。現地では釣り人が刺されることもある。

気をつけて〜

パタパタ泳ぐのんびり屋

　ゾウギンザメは胸ビレを翼のようにパタパタと羽ばたかせたり、あるいは滑空するようにして泳ぐ。カラダを大きく動かさないのでとても省エネな泳ぎ方といえる。海底に潜んだ生物を食べているゾウギンザメにとっては、スピードを捨ててでも体力をなるべく温存できるほうが有利だったのだろう。

　一方でスローな泳ぎは、エビスザメなどの天敵から逃げるときには不利に働く。群れで泳がないゾウギンザメは、傍から見ると格好のエサに見える。では、彼らはどうやって自分たちの身を守っているのだろう?

　実はゾウギンザメの背ビレには鋭いトゲがあり弱い毒腺も通っている。そのため、捕食者はこれを避けながら襲わなくてはならない。ゾウギンザメの背ビレはそれだけで天敵を追い払えるほど強力ではないけど、十分に厄介であると考えられる。つまり、ゾウギンザメは厄介な背ビレによって襲う側のコスト(労力・ケガのリスク)を上げることで、自分たちを守っているのかもしれない。

タマゴが個性的すぎる

野生のゾウギンザメは、2〜5月にかけて浅瀬に移動して子どもを作る。妊娠したメスは一度に複数のタマゴを産み、一度産卵をした後も1週間程度の間隔をあけてまた産卵する。ちなみに、メスにはオスの精子（赤ちゃんのもと）をとっておくタンクもあるので、しばらくオスと出会っていなくても妊娠できる。実際に東京・池袋のサンシャインシティでは、1年以上オスと会っていないメスが合計18個のタマゴを産んだ例がある[※2]。

約20cm程度の平たいタマゴは、左右の羽のような薄い部分が砂や泥に埋まって固定される。そして、赤ちゃんは産み落とされるとタマゴの中で半年以上かけて成長し、タマゴのウラにある切れ目から外に飛び出していくんだ。

ここに泥がかぶさる

ゾウギンザメのタマゴ
真ん中の膨らんだ部分に赤ちゃんがいる。カラは光をほぼ通さないため、中は見えない。

全長 25cm

産卵シーン
写真:Steve McLeod

ゾウギンザメの産卵をとらえた写真。メスはしばらくこのまま泳いだ後、タマゴだけを落として去っていく。

特徴的な吻は未発達！

ゾウギンザメの赤ちゃん（ふ化したて）
ふ化したてのゾウギンザメの赤ちゃん。背ビレをはじめとしたヒレは不完全で、トレードマークの吻も短い。

オデコの把握器
オデコにはフックのような把握器があり、これをメスの胸ビレに引っかけて交接（子作り）する。

2本の交接器
腹びれの前には交接器がある。オスはこれを使ってメスに精子をわたす。

シャキーン

メスに引っかけるフック

ギンザメの仲間には「前額把握器」という器官がある。この器官はフックのような形をしていて、表面は滑り止めのためかネコの舌みたいにザラザラとしている。

ゾウギンザメにもこのフックがあるけど、普段はオデコの下に隠れていて見えない。オスは交接するときだけフックを出して、メスの胸ビレに引っかけて交接をおこなうんだ。こうすることでカラダがしっかりと固定されるので、安定した交接ができるんだね。

前額把握器はギンザメにしかない特有の器官だ。ギンザメの親戚であるサメもメスの胸ビレに咬みついて交接をすることが知られており、ギンザメのフックはその代わりなのだろう。

※1……監修の石垣先生も、捕獲したゾウギンザメが音と光によって弱る姿を目撃している。　※2……『謎の多い魚・ゾウギンザメ』サンシャインシティ水族館公式ウェブサイト:いきものディスカバリー通信vol.9.https://co.sunshinecity.co.jp/press-room/news-release/2022-2-21-1.html (2022)

寿命が長すぎる巨体ザメ
オンデンザメ

ツノザメの仲間としては最大のサメはとんでもない鈍足の持ち主だった……!?
その理由を考察してみよう

DATA

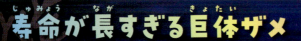

オンデンザメ
[ツノザメ目オンデンザメ科]

体長		およそ370〜440cm
食べ物		魚類・頭足類（イカ、タコなど）・甲殻類・哺乳類
水深		0m〜2000m
生息域		駿河湾（深海）はじめ北太平洋各地および北極海
レア度		★★★★☆

バッタリ!

真っ暗だから近づくまで見えない？

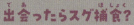

出会ったらスグ捕食？
真っ暗な深海では、近づくまでお互いに気づけない。オンデンザメは出会い頭の一瞬をねらって、エサ取りをしている？

上はとがっていて下は平たい歯

上で刺し下で切る

上アゴには細かいとがった歯、下アゴにはノコギリのような歯が並ぶ。上の歯でエモノを固定し、下の歯で切っていると考えられる。

時速たったの900m……世界で一番遅いサメ

　オンデンザメは、太くズッシリとした巨体が特徴の深海ザメだ。一般に生物は巨大であるほど代謝が低く、生命活動がゆっくりだといわれる。言い換えると、大きなオンデンザメは少ない食べ物で長い期間生き延びることもできるし、少ない呼吸で生きられて、長生きでもあるということになる。事実、オンデンザメは大まかに400年近くは生きると考えられている[※1]。

　一方、低代謝のオンデンザメは、エネルギーをたくさん使う動きができない。泳ぐスピードは秒速25cm（時速900m）といわれ[※2]、魚類のなかでは最も遅い。それでも彼らが困らない理由についてはいくつかの仮説がある。

　たとえば、真っ暗な深海では生物同士が接近してようやくお互いに気づくことも多いため、追いかけっこする能力はあまり大事ではないという説がある。ほかにも眠っているアザラシのような生物にそーっと近づいて襲っているという説や[※3]、単純に待ち伏せをしてエモノを食べているのだという説もあるが、現時点でははっきりしていない。

※1……Nielsen,J, et al.『Eye lens radiocarbon reveals centuries of longevity in the Greenland shark（*Somniosus microcephalus*）』Science:353（2016）によると、ニシオンデンザメは400年近く生きると推定されており、オンデンザメも同程度と考えられている。　※2……藤原義弘ほか『First record of swimming speed of the Pacific sleeper shark *Somniosus pacificus* using a baited camera array』Journal of the Marine Biological Association of the United Kingdom:101（2021）　※3……Helen Scales『のろいサメ、眠ったアザラシを捕食?』ナショナルジオグラフィックhttps://natgeo.nikkeibp.co.jp/nng/article/news/14/6302/（2024.9.30閲覧）

第2章 | 軟骨魚類　033

カラダの一部を切り取る魚雷ザメ
ダルマザメ

大型魚の削れた表面は
ある小さな深海ザメの仕業……
ズルすぎるその生態とは?

DATA

ダルマザメ

[ツノザメ目ヨロイザメ科]

体長	30~50cm
食べ物	大型イカや甲殻類、マグロやクジラなどの大型外洋性生物など
水深	~3700m(通常は~1000m)
生息域	大西洋・太平洋の温帯および熱帯
レア度	★★★★★

上の歯は小さい
針みたい

下の歯は
大きくて
平たい
ノコギリ状

肉を切り取る
凶悪な歯!

吸盤みたいな
プルプルの
クチビル

吸いついて
……

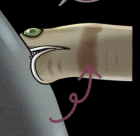

回転して
切り取る!

ダルマザメの捕食方法

両アゴを突き立てた後、クチを吸盤のように吸いつけてエモノにとりつく。そのままカラダごと回転して、表面の肉を切り取る。

写真:Ardea/アフロ

カン違いして近づいてきた大型生物をすかさず捕食!?

　海で獲れたマグロやカジキのカラダに、クレーターのような傷が見つかることがある。この傷跡は、深海に棲むダルマザメの仕業だ。

　ダルマザメは普段は暗い深海に漂いながら、腹の発光器で自分のカゲを打ち消して周囲に溶け込んでいる。このとき色の濃い首回りだけは見えるらしく、一説にはこれが小魚に見えて大型生物を引き寄せるのだという。騙されて近づいてきたエモノに、ダルマザメはすかさず襲いかかるんだ。

　まず、ダルマザメはエモノに突進し、上下の歯をエモノに突き立てる。この状態で腹筋にまでつながった大きな舌を後ろに引っ張ることで、彼らのクチは吸盤のようにエモノにしっかりと吸いつく。そして、最後にクチを支点にクルリと回転し、エモノの肉を切り取って食べるんだ。

　ずるい狩りに見えるけど、この方法はエモノを死なせることがなく深海の貴重な生物数への影響も少ない。また、ダルマザメによる傷跡はやがて治るともいわれており、彼らは持続可能なエサ取りをするエコなサメといえるかもしれない。

参考:仲谷一宏『サメ―海の王者たち 改訂版』ブックマン社 (2016)/白井滋「ダルマザメの摂餌機能に関わる特異な形態について」板鰓類研究連絡会報:20 (1985)

| 第2章 | 軟骨魚類　035

愛嬌たっぷりな見た目の幻のサメ
オロシザメ

30年代に日本で発見されるも生息数が少なすぎる激レア生物 そのナゾだらけの生態とは?

DATA

オロシザメ
[ツノザメ目オロシザメ科]

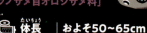

- **体長** | およそ50〜65cm
- **食べ物** | 不明(肉食性とされる)
- **水深** | 150m〜300m
- **生息域** | 北西太平洋、日本および台湾
- **レア度** | ★★★★★

ブタのような鼻

クチのまわりは白い
クチのまわりを白いクチビルが厚く囲っている。クチビルにはぷっくりとした突起があり、海底生物の位置を探るときに役立つとされる[※1]。

ヒレを
オールみたいに
動かして泳ぐ

オロシ金のような肌は防御のためのものと予想されている。実際に暴れるオロシザメに触れた部分は、やすりに当てられたように痛むという[※2]。

激レアすぎて生態はわからないことだらけ！

　オロシザメは非常に生息数が少なく、絶滅の危険性が高いとされる幻のサメだ。捕獲された例が少なく、その生態はほとんどわかっていない。そのため、ここではオロシザメの仲間の生態にもとづいて紹介していこう。
　オロシザメは、その名のとおりオロシ金のようなザラザラの肌をもつサメだ。オロシザメの仲間に共通する特徴として、カラダの16〜23%前後を占める特大の肝臓が挙げられる。肝臓には海水よりも軽い肝油がたくさんつまっていて、これを利用し、海底付近をゆったりと漂うように泳ぐ。
　また、オロシザメの仲間はサメにしては鼻の穴がとても大きく、優れた鼻の感覚で海底に潜んだ無脊椎動物（多毛類など）や小魚を探して食べている可能性がある[※2]。
　ただし、繰り返しになるけど、これらはあくまでオロシザメの仲間の情報にもとづいた予想だ。彼らが何を食べているかも含め、正確な情報はまだ明らかになっていない。これ以上の事実については、今後の研究に期待しよう。

※1……Compagno,L.J.V.『FAO Species Catalogue Vol.4, Part.1 Sharks of the world』FAO（1984）　※2……監修の石垣先生による実体験にもとづく

発光器官で身を隠す小型ザメ
ヒレタカフジクジラ

発光器をもつ深海ザメは
生物発光をどう使っている?
その役割を見ていこう

DATA
ヒレタカフジクジラ
[ツノザメ目カラスザメ科]

体長	およそ46cm
食べ物	おそらく海底の生物
水深	200m～860m
生息域	西太平洋・東オーストラリアから ニュージーランドまで
レア度	★★★☆☆

背ビレのトゲの
まわりも光が強い

ピカピカ～

フジクジラの仲間によるお腹の発光は、海底を照らすこともできるためエサ探しにも使われている可能性があると考えられている。

ヒレタカフジ
クジラのオス

胸ビレのフチが
強く光る

フジクジラの仲間は、胸ビレのフチが強く光る。これはサメのオスが、交尾のときに胸ビレを咬む習性によるものだといわれている。

あそこも
咬めば
いいんだな

写真：沖縄美ら海水族館

光る理由にも"実は"イロイロある！

　ヒレタカフジクジラは、自分のカラダを発光させる（生物発光する）小型サメだ。ヒレタカフジクジラのお腹には発光器がついていて、自らのカゲを打ち消して身を隠すカウンターイルミネーションの役割がある。発光器には光の散乱をふせぐ特殊なレンズがついていて、彼らの真下だけを照らすようにできている。つまり、自分のカゲだけを照らし、周囲に溶け込むことができるんだ。

　しかし、ヒレタカフジクジラの生物発光には、ほかにもイロイロな役割がある。たとえば、フジクジラの仲間は胸ビレのフチが明るく発光するといわれる[※1]。これは求愛のための発光の一種で、交尾のときにオスがメスの胸ビレをかんで姿勢を固定するのを助けていると考えられている。

　ほかにもヒレタカフジクジラの背ビレにあるトゲのまわりにも、たくさんの発光器が集まっている[※2]。これはトゲを照らして、外敵に警告する役割があるとされる。このようにフジクジラは生存・繁殖を有利に進めるために、生物発光を使いこなしているんだ。

※1……Claes,J.M, Sato,K, Mallefet,J『Morphology and control of photogenic structures in a rare dwarf pelagic lantern shark (Etmopterus splendidus)』Journal of Experimental Marine Biology and Ecology:406 (2011)　※2……Duchatelet,L, Pinte,N, Tomita,T, Sato,K, Mallefet,J『Etmopteridae bioluminescence: dorsal pattern specificity and aposematic use』Zoological Letters:5 (2019)

のびるクチでエモノをバキューム!
ムツエラエイ

大きな吻と6つのエラをもつ
激レアな深海エイの食事方法は
インパクトがすごい!?

DATA

ムツエラエイ

[トビエイ目ムツエラエイ科]

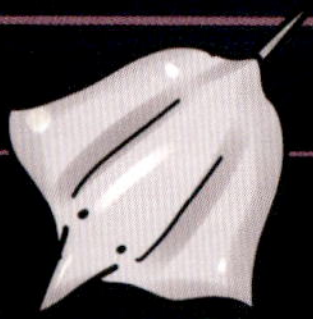

体長		110〜170cm
食べ物		海底の生物
水深		350〜1120m
生息域		インド太平洋
レア度		★★★★☆

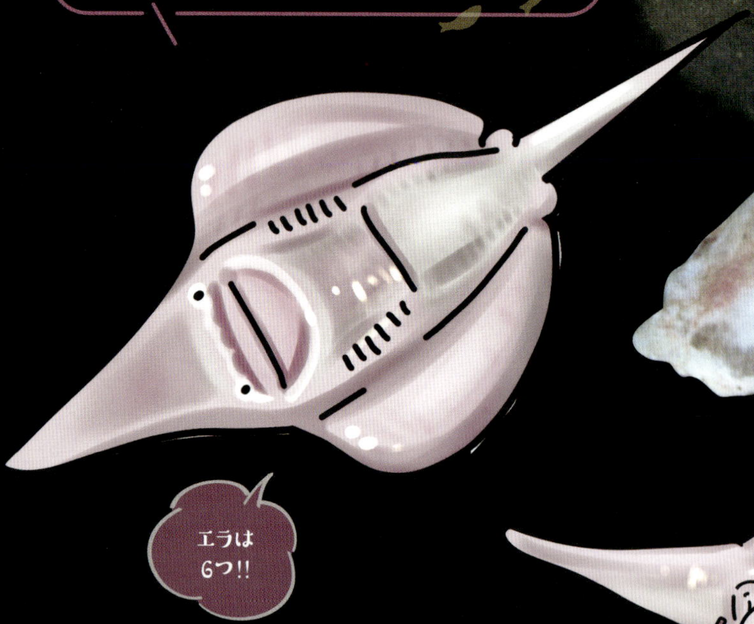

エラは6つ!!

びヨーン

クチがのびる!

ムツエラエイのクチは、掃除機のホースのようにのばすことができる。彼らはこのクチで海底の生物を吸いこんで食べているらしい。

繩縞育雄/アフロ

6つのエラよりもクチのインパクトが強すぎる……?

　ムツエラエイは、ムツエラエイ科に属する唯一の生物だ。捕獲例はきわめて少なく、実物を目にできる機会はほとんどない。その名前からもわかるとおり、一般的なエイとはちがい、通常5つのエラを6つもっているのが特徴だ。

　野生のムツエラエイは、海底の生物を食べていると考えられている。ゼラチン質のぷるぷるとしたカラダには長くて大きな吻があり、その下にセンサーの役割を果たすロレンチーニ器官がたくさんつまっている。この吻はグニャグニャといろんな方向に曲げることができ、それを使って彼らの強度のないアゴ[※1]でも食べられる、やわらかいエモノを探して見つけ出すんだ。

　また、ムツエラエイのクチは普段はフツウのカタチをしているけど、食事のときには左の図のようにのばして飛び出させることができる。エモノを見つけたときには、このクチを海底に向けて、地中の生物をズズーっと吸い込んで食べるらしい。まるで海底に掃除機をかけているような、インパクトの大きい食事をするんだね。

※1……Dean,M.N, Bizzarro,J.J, Summers,A.P『The evolution of cranial design, diet, and feeding mechanisms in batoid fishes』Integrative and Comparative Biology:47(2007)

| 第2章 | 軟骨魚類 　041

COLUMN もっと知りたい②
視るための適応

光のほとんど届かない深海は、暗黒の世界ともいわれる
一般に真っ暗な深海では視力はほとんど役に立たないといわれるけど
そんな環境であえて視覚を進化させた生物たちもいる

コラム監修:武井史郎(中部大学)

わずかな光を感じ取る

　水深1000〜3000m(漸深層)より深いところにいる深海魚には、眼が退化したものが多い。生物が太陽光を感じ取れる限界は水深1000mまでとされ、それを超えると視覚は生物発光をとらえる程度の意味しかもたなくなるからだという。つまり、真っ暗な深海では視る力(視力)があまり役に立たなくなるので、一部の機能を捨てる(退化させる)生物も出てくる、ということだ。

　しかしながら、同じ深海にいながら、逆に視覚を発達させた生物もいる。特に水深200〜1000mの中深層までは太陽光がわずかながら届いているので、そこにいる深海魚の多くはかすかな光を敏感に感じ取れる眼[※1]をもっている。また、眼のサイズや構造を特徴的なものにして、さらに深海に特化した適応[※2]をすることで、視る力を強化している例も決して少なくない。では、ここからは深海魚の間で具体的にどのような適応がおこなわれているのかを、一緒に確認していこう。

タペータム(反射板)

　そもそも生物は、光を通してモノを見ている。眼のレンズから入った光は、奥の網膜に届けられ

カラスザメの眼
中深層にいる深海性のサメであるカラスザメ。その眼にはタペータムが備わっている。

てそこで電気信号に変えられる。この電気信号が脳に届くことによって、生物はモノを見ることができるんだ。暗い場所では眼に取り入れられる光が少ないので、見づらくなるんだね。

これに対して、一部の生物は少ない光を再利用することで、光感度をアップさせる機能を手に入れた。そのヒミツは、タペータムという反射板にある。タペータムには一度網膜に届いた光を反射させ、再び網膜に届ける役割がある。同じ光を再び網膜に通過させることで再利用しているんだ。

夜にネコに出くわしたとき、その眼だけがギラリと輝いて見えた経験はないだろうか？ あれはネコに向けられた光が、タペータムによって反射させられたためにそう見える。タペータムは左のカラスザメをはじめとする一部の深海魚にも備わっていて、彼らの瞳がときに緑色や金色に輝いて見えるのも光の反射によるものなんだ。

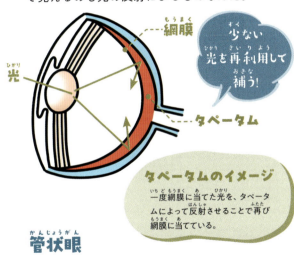

タペータムのイメージ
一度網膜に当てた光を、タペータムによって反射させることで再び網膜に当てている。

管状眼

管状眼はデメニギス(P56)やボウエンギョのような深海魚のほか、陸上ではフクロウの眼にも見られる。読んで字のごとく管のようなカタチをした眼で、こちらも暗い環境で視力を確保するために生まれた構造だと考えられている。

暗い環境でモノを見やすくするには、眼の水晶体を大きくする方法もある。水晶体は眼に入った光の進む方向を変えてピントを合わせる器官で、これを大きくすればより多くの光を取り入れられるので視界もクリアになるわけだ。

しかし、水晶体を単純に大きくすると、眼が巨大化しすぎて頭におさまりきらない。ならば、最

も見たい方向にだけしぼって水晶体を広げ、残りの方向は逆に小さくしてしまえばいい。つまり、目玉をよくあるボール状ではなく、管のようなカタチに変化（進化）させたんだ。これにより見える方向が限定されるかわりに、暗い場所でも高い視力を手に入れることができる。暗闇でエモノを見つけ出し狩るのに適した眼だ。

ボウエンギョの管状眼
ボウエンギョの眼。名前とその見た目から望遠鏡を思わせるけど、遠くのものが大きく見えるというわけではない。

写真：武井史郎（中部大学）

背上眼

インド洋の熱水噴出孔周辺に無数にいるカイレイツノナシオハラエビは、胸にあるギルチャンバーという空間にバクテリアを飼って共生している化学合成生物群集の一種だ。彼らはバクテリアからもらった有機物をエサにしているけど、そのためにはバクテリアが必要とする化学物質を与え続けなければいけない。その化学物質が湧いてくるのが、熱水噴出孔(以下、噴出孔)なんだ。

しかし、噴出孔からは化学物質だけでなく高温の熱水が噴き出している。カイレイツノナシオハラエビが熱水に触れると、ただではすまないのでそれを避ける手段が必要だ。

ここで活躍するのが、カイレイツノナシオハラエビの特殊な眼だ。彼らの背中にある眼(背上眼)にはわずかな光を感じ取れるセンサーがたくさんついていて、熱水噴出孔から発されるかすかな光に気づくことができる。これにより彼らは熱水噴出孔と自分の距離をふまえて、遠すぎず近すぎない距離を保つことができるんだね。

カイレツノナシオハラエビ
背中にV字型の眼がある。熱水噴出孔から発生するかすかな光を感じ取り、キケンを回避しているとされる。

※1……深海魚の網膜は、弱い光を感じ取るのが得意な桿体細胞の数が多い。逆に強い光や色彩を感じるための錐体細胞は少ないため、その視界はクリアではなくあくまで明暗差を頼りにモノを見ていると考えられる。　※2……この場合、生物が自らのカタチや機能を環境にピッタリ合わせること。
参考・出典：深海と地球の事典編集委員会『深海と地球の事典』丸善出版(2014)／田村保、丹羽宏『深海魚の眼とウキブクロとスクワレン』日本農芸化学会:化学と生物(1986)

～第3章～
硬骨魚類
サカナの仲間

アカナマダ
⇒P062-063
魚なのにスミを吐く！

この章で紹介する生物（一部）

ミツクリエナガチョウチンアンコウ
⇒P054-055
オスがメスの一部になっちゃう!?

シーラカンス
⇒P058-059
魚に大切な背骨がない

硬骨魚類ってどんな生物?

軟骨魚類に対して、硬骨魚類は一般に骨格のほとんどが硬骨でできている。最近の研究では哺乳類や鳥なども含まれるともいわれるが、一般には魚類のいちグループとして語られることが多い。ここからは2万6891種が知られる硬骨魚類に属する深海生物を紹介していこう。

ニュウドウカジカ
⇒P069
水分たっぷりのゼラチンボディ

円盤みたいな深海ウォーカー
アカグツ

魚なのに泳ぎが苦手……!?
意外な弱点をもった深海魚は
どうやって生き残ってるの?

DATA

アカグツ

［アンコウ目アカグツ科］

- 体長 ｜ およそ20〜30cm
- 食べ物 ｜ 貝類、甲殻類、多毛類、クモヒトデ類など
- 水深 ｜ 50〜400m
- 生息域 ｜ 本州から九州/西太平洋からインド洋、紅海
- レア度 ｜ ★★☆☆☆

深海を歩くアカグツ

アカグツは魚でありながら泳ぐことはあまりなく、硬い皮膚に包まれた胸ビレと腹ビレを使って海底を歩く(這う)。

ズタズタ……

泳ぐのは
つかれる

泳ぎは苦手……胸と腹のヒレで深海を歩き回る

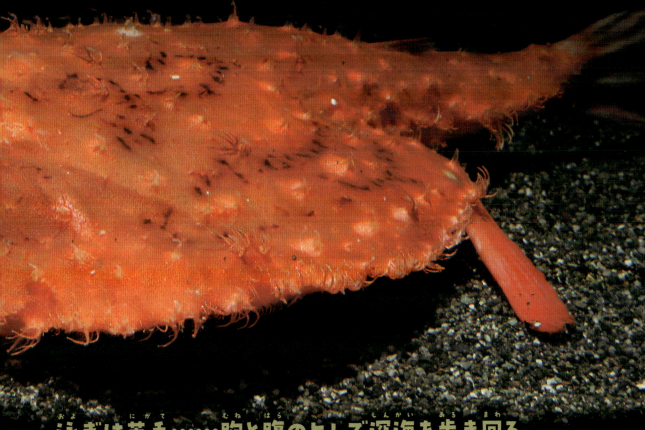

魚といえば、多くの人は海や川をスイスイと泳ぐ姿を想像するだろう。しかし、なかには泳ぎが苦手な魚もいて、アカグツもその一種だ。

アカグツは、平たい円盤みたいなフォルムが特徴の魚だ。このカタチは水の抵抗を受けやすいと考えられ、泳ぎには向かない体型だといってよさそうだ。だから、アカグツは移動のときに泳ぐことはあまりなく、大きく発達した胸ビレと小さな腹ビレを足代わりにして歩くように這う。

ここまでの説明でわかるとおり、アカグツは外敵やエモノとの追いかけっこにはめっぽう弱い。そのため、アカグツはほとんどの時間を海底に隠れて過ごす。ゴツゴツとした平たいカラダで海底にはりついて身を隠すんだ。こうしていれば外敵に襲われるリスクが下がるだけでなく、近くを通るエサを待ち伏せることもできる。オマケに、エネルギーも節約できるので、エサのとぼしい深海では有利だ。つまり、アカグツにとっては、じっとしていることこそが生き残るための重要な戦略なんだ。

| 第3章 | 硬骨魚類 047

> 全身を頑丈なウロコで覆われていて、その表面には強力なトゲもある。その食べづらい特徴は、防御機能として働くとみられる。

写真:Nature Picture Library/アフロ

とてもめずらしいアカグツの赤ちゃん
赤ちゃんは液体に満たされたカプセル（風船）に包まれることによって浮力を得て、海の表層で過ごす。その後、成長にともない深海へ移動する。

パタパタ
写真:鈴木香里武

上から見ると……

写真:鈴木香里武

赤ちゃんはカプセルに包まれている

　アカグツの赤ちゃんは、風船のようなカプセルに包まれている。赤ちゃんは成長するまでは、カプセルの浮力を利用して海の表面で過ごす。表層はエサが豊富なうえに水温が高く、変温動物である魚の成長をうながしてくれるからだ。

　このころのアカグツは無色透明なので、明るい海表面ではあまり目立たない。一見すると別の生物にも見えるけど、カプセル越しに見えるそのカタチはすでにアカグツの特徴をもっている。泳ぐ際にはオトナと同じく大きな胸ビレをパタパタ動かしながら（糸のような）尾ビレを一生懸命振って泳ぐ。※1 海の表面にはプランクトンがたくさん浮いていて、赤ちゃんはそれを食べることで成長に必要な栄養をたっぷり取り入れられるんだ。

赤ちゃんの透明標本

写真:幼魚水族館

幼魚水族館（静岡県）にある透明標本。館長の鈴木香里武さんが世界で初めて採集に成功したものを、死後に標本化した。

小さいけど擬餌（エスカ）はある

　魚のなかにはエスカとよばれる擬餌を使うものがいる。擬餌は釣りに使うルアーと同じ役割をもっていて、要するに魚を引き寄せるニセモノのエサのことだ。ニセモノのエサで魚を自分のテリトリーに誘いこみ、スキをついて食べてしまうというわけだ。アンコウの仲間は背ビレをエスカに変化させており、エモノを待ち伏せる際の道具として利用している。

　実はアンコウの親戚であるアカグツにも、エスカはある。彼らのエスカはとても小さいうえに普段はくぼみにおさまっているので見えないこともあるけど、必要に応じてクチの少し上あたり（頭の先）からビョーンと飛び出させることができるんだ。エスカは白いので光のとぼしい深海でも比較的見えやすくなっている。一方で、アカグツのカラダは赤くて深海生物の目では確認しづらい。おそらくアカグツはこの色のちがいを利用して、正体を隠しながら魚を釣っているのだろう。アカグツの属名が *Halieutaea*（ギリシャ語で釣り人）なのも、彼らのこの生態にちなんだものだ。

~DIG DEEP~
深堀 エサやりに慣れさせる"特別な方法"とは？

アカグツはとても警戒心が強いらしく、水族館に連れてこられてもエサを食べようとしないそう。そんな彼らをエサやりに慣れさせる方法がある。

吐き出させないための工夫

　水族館に運ばれてきたばかりのアカグツは、エサを吻先にもっていても絶対に食べようとはしない。無理にクチに入れても、まるで苦手なオカズを食べさせられた幼児のようにそれをプッと吐き出してしまうそうだ。

　しかし、嫌がっているからといって、そのままエサを食べなければ当然弱ってしまう。そこで一部の水族館ではアカグツをつかんでタテ向きにし、そのクチを水槽の外に出してからエサをやるのだという。こうするとアカグツはエサを吐き出すことができない。アカグツからすれば呑み込むよりほかないので、彼らは仕方なくエサを食べるんだ。ひどい方法のように見えるけど、最初に何回かこれをやるとエサに慣れるので長期的にはアカグツにとってもメリットのある方法なのだという。

カワイそうに見えるけど、何度かやると慣れてフツウに食べるようになる

アカグツを触る際には、手袋をつけながら慎重におこなう。不用意に触るとトゲが刺さって、手をケガしてしまう。

※1……ヒモ状の尾ビレをクラゲの触手と誤認させて身を守っているという説もある。

眼の下をチカチカ光らせる発光魚
ヒカリキンメダイ

水族館でも人気の光る魚は
光る細菌を間借りさせている……!?
生物発光のウラにある生態とは？

---DATA---

ヒカリキンメダイ
[キンメダイ目ヒカリキンメダイ科]

- 体長　│およそ10cm未満〜30cm程度
- 食べ物　│動物プランクトン
- 水深　│〜400m
- 生息域　│沖縄県、高知県、千葉県、東京（八丈島）西太平洋、中部太平洋、台湾
- レア度　│★★☆☆☆

> 表にあった発光器が……

> 光っているとき

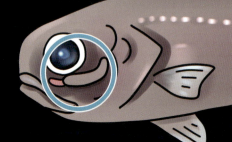

> クルッとウラ側に

> 消えているとき

> **発光器を反転！**
> 顔と発光器をつなぐところの筋肉が発達していて回転させられる。

050

眼の下の発光器をクルクル回して点滅させる!?

　ヒカリキンメダイは、眼の下に半月のようなカタチをした発光器官をもつ魚だ。日本では主に沖縄に生息していて、生物発光を使って仲間とコミュニケーションすることで知られる（詳しくは次のページで説明する）。

　生物発光は大まかに「自力発光」と「共生発光」に分けられる。自力発光とは発光反応※1を自らの体内でおこなう発光で、共生発光とはそれを共生するほかの生物に頼っておこなう発光だ。要するに自分のチカラで光っているか、共生した細菌など

を光らせて利用しているかのちがいだ（ちなみに、発光物質を外部から取り入れて自力発光する「半自力発光」もある）。

　ヒカリキンメダイの発光は「共生発光」で、発光器のなかに光る細菌（発光細菌）を棲ませている。光っているのは発光細菌なのでヒカリキンメダイが自力で光を点けたり消したりすることはできず、眼の下の発光器をくるっと回転させて体内に隠す（あるいは点灯する）ことで光を操っている。

※1……生物群に特有の酵素（ルシフェラーゼ）と基質（ルシフェリン）による化学反応、もしくはフォトプロテインと呼ばれるそれらの複合体による化学反応によって放出されるエネルギーで作り出される光のこと。タンパク質（フォトプロテイン）が関与する。/参考：大場裕一『世界の発光生物　分類・生態・発光メカニズム』名古屋大学出版会（2022）

ヒカリキンメダイは、危険を感じると点滅のスピードを加速させ、仲間に危険を知らせる。そして、大きなひとつの群れとなる。

光を頼りに群れをつくる！

光で惑わす

チカチカ！

キケンだ！

キケンを感じるとすばやく点滅する

写真：Nature Picture Library／アフロ

生物発光で連携をとる

　ヒカリキンメダイは、危険を感じると発光器を回転させてチカチカと点滅する。それを見たヒカリキンメダイは自分もチカチカして、周囲にキケンを伝える。これを繰り返して群れ全体の注意をうながすんだ。

　危険に気づいたヒカリキンメダイは群れをなす。これは襲われるリスクを仲間に分散して、群れ全体のダメージをおさえる工夫だとされている。ヒカリキンメダイは真っ暗な海でおたがいの光を頼りに位置を知らせあいながら、上手にコミュニケーション（連携）をとって群れをなすんだ。

　さらに、ヒカリキンメダイはジグザグに逃げながら、方向転換のタイミングで発光器を点滅させるらしい。光が眼の前で一定方向に移動したら、捕食者は光の移動した直線上にエモノ（ヒカリキンメダイ）がいると思うよね？　だけど、実際には彼らは発光した後に曲がっているので、全然別の場所にいる。このことから、ヒカリキンメダイは発光を使って自分の居場所を欺きながら、逃げていると考えられているんだ。

発光器が立つ!?

ヒカリキンメダイはエサを探しているときには、発光器を点灯したままにする。事実、飼育下のヒカリキンメダイは水槽にエサが入っていると、点灯時間が長くなることがわかっている※1。これは発光器を懐中電灯のように使って、周囲のエサを照らしているからだという。

また、ヒカリキンメダイの発光器は回転させるだけではなく、起こすこともできるという。ちょうど自動車のサイドミラーのように、直角に起こし上げて正面のエサを照らすこともできるんだ。

オオヒカリキンメとの違い

仲間のオオヒカリキンメは、ヒカリキンメダイとほとんど変わらない見た目をしているが、いくつかのちがいがある。

最もわかりやすいポイントは背ビレの数で、ヒカリキンメダイは背ビレが2つあるのに対して、オオヒカリキンメは背ビレが1つしかない。また、発光器官の点滅方法がちがって、オオヒカリキンメは発光器を覆うシャッター（膜）を開閉して点灯・消灯を切り替える。ソックリなようで、決定的にちがう部分があるんだね。

~CONSIDERATION~
ヒカリキンメダイは生まれたときから光るのか？

ヒカリキンメダイは生まれたときから、発光細菌と共生しているの？
ここではヒカリキンメダイと発光細菌の関係について見ていこう。

"絶対共生"のバクテリア

発光細菌には宿主から離れて自由に生きられる「任意共生」の細菌と、宿主を離れては生きられない「絶対共生」の細菌がいる。一般的には「任意共生」のものが多いのだけど、ヒカリキンメダイの発光細菌は、宿主から離れると増えないことから絶対共生の細菌と予想されてきた。

この予想はほかの研究でもほとんど正しいと思われるのだけど、実際には発光器の小さなスキマから発光細菌が出てくることもあるらしい※2。しかも、彼らの発光細菌は海のなかで数時間なら生きられることもわかっている※3。つまり、ヒカリキンメダイの発光細菌は、任意共生の面も少しだけ残しているということだ。

実は引っ越しもしてる……?

これらの事実から、発光細菌は複数のヒカリキンメダイの間を引っ越ししている（感染している）らしいことがわかる。ならば、ヒカリキンメダイは生まれたときには発光細菌を宿しておらず、後から感染している可能性も十分ありえるということだ。今後の研究によって、共生関係の実態が明らかになることに期待しよう。

※1……Hellinger,J. et al: The Flashlight Fish *Anomalops katoptron* Uses Bioluminescent Light to Detect Prey in the Dark. PLOS ONE 12.（2017） ※2……Kessel,M.「The ultrastructure of the relationship between the luminous organ of the teleost fish *Photoblepharon palpebratus* and its symbiotic bacteria.」Cytobiologie:15（1977）／ ※3……Hendry,T.A.&Dunlup,P.V.「Phylogenetic divergence between the obligate luminous symbionts of flashlight fishes demonstrates specificity of bacteria to host genera」Environmental Microbiology Reports:6（2014）／参考:大場裕一『世界の発光生物　分類・生態・発光メカニズム』名古屋大学出版会（2022）

提灯の光でエモノを誘う
ミツクリエナガチョウチンアンコウ

誰もが知っている光る深海魚のオスはめちゃくちゃ小さいことで知られている
なぜオスはそんなに小さいの?

DATA
ミツクリエナガチョウチンアンコウ
[アンコウ目ミツクリエナガチョウチンアンコウ科]

- 体長 ｜ およそ40cm程度(メス)
- 食べ物 ｜ 小型の魚類など
- 水深 ｜ ~3085m(通常は500~1250m)
- 生息域 ｜ 熱帯・亜熱帯の深海に広く分布
- レア度 ｜ ★★★★☆

写真:東海大学海洋科学博物館

くっついたオス
チョウチンアンコウ類はオスとメスの体格差が大きく、ミツクリエナガチョウチンアンコウのオスは、メスの1/10~1/20しか大きくならない(矮雄)。大きいメスに寄生して暮らすんだ。(写真は、ビワアンコウ)

ちなみに、ミツクリエナガチョウチンアンコウが、頭以外の全身が光って後ろ方向を照らしていた、という報告も一例だけある。

拡大!

オス

メスと一体化している……

054

写真:桜井季己/アフロ

超ちっちゃいオスがメスの一部になっちゃう!?

　チョウチンアンコウというと、エスカ（擬餌/ルアー）を光らせてエモノを引き寄せる魚を思い浮かべる人が多いだろう。このとき、私たちが思い浮かべているチョウチンアンコウは、すべてメスだ。では、オスはどこにいったんだろう？

　その答えは、メスのチョウチンアンコウの表面にある。彼女たちのカラダの表面を見ると、イボのようなものがくっついていることがある。実はこれがオスなんだ。

　くっついたオスは、精子をつくって渡す以外の能力をほとんど失う。栄養をメスから流れ込む血によって得るようになり、泳ぐヒレや目、内臓も退化する。そして、最終的にオスはメスの一部になってしまうんだ。

　真っ暗で生物の少ない深海では、オスがメスに出会える機会がとても少ない。たまたま出会ってもそれが子作りに適した時期とは限らないし、そもそもオスは単独では生きていけない。だから、チョウチンアンコウのオスは、一度出会ったメスに寄生して同化する道を選んだんだね。

※1……Young,R.E., ROPER,C.F.E.「INTENSITY REGULATION OF BIOLUMINESCENCE DURING COUNTERSHADING IN LIVING MIDWATER ANIMALS」FISHERY BULLETIN:75 (1977)

スーパー視力で隠れたエモノを見つけ出す！
デメニギス

透明の頭に、大きな緑色の目玉——
そのロボットみたいな不思議な構造には
きちんとした意味がある!?

DATA

デメニギス 
[ニギス目デメニギス科]

- 体長 ｜ およそ10〜15cm
- 食べ物 ｜ 小型の甲殻類/クダクラゲ類など
- 水深 ｜ 主に400m〜800m
- 生息域 ｜ 北太平洋
- レア度 ｜ ★★★★★

ドーム状の眼は正面も見られる
目玉を90度回転させることで、真正面のモノを見ることもできる。これによって狩りをするときにもしっかりと相手を見ることができるので、逃すことなく確実に食べられるんだ。

90度回転！

グリン！

発見〜♪

わずかなカゲも見逃さない！
デメニギスは、かくれたエモノを見つけるのが得意。基本的にはその特殊な眼を上に向けて、エモノを捜している。その眼は、透明なクラゲに生じるわずかなカゲも見破れるという。

カウンターイルミネーションを無効にする見破りの達人

　デメニギスの最大の強みは、その眼。彼らの上向きの眼には特殊なフィルターがついていて、これで微妙な光のちがいを見分けられる。
　深海には自分のお腹を光らせる生物がいる。深海は真っ暗といわれるが、デメニギスの棲む中層あたりまではごくわずかな光が届いている。上から光が降りそそぐ海に生物がいると、その下にカゲが生まれてしまう。だから、多くの深海生物はお腹をうっすら光らせ、自らのカゲを打ち消して自分の居場所を隠しているんだ（これをカウンターイルミネーションという）。
　しかし、この防御機能も、デメニギスには通用しない。彼らはカウンターイルミネーションと周囲の光の間に生まれるわずかな差を見破ることができるからだ。
　デメニギスは透明なクラゲを見破ることも得意で、クラゲは彼らの主なゴハンでもある。デメニギスの頭には透明なゼリーのようなものが入っていて、これは視線をさえぎらないためだけでなくクラゲの毒針から眼を守る役割もあるという。

古代魚の特徴を色濃く残した生きる化石
シーラカンス

絶滅した古代魚の生き残りには
現代の魚には見られない構造がある
その構造が生み出す能力とは?

DATA

シーラカンス
[シーラカンス目]

- 体長 ｜ およそ145〜179cm程度
- 食べ物 ｜ イカや魚類など
- 水深 ｜ 150〜700m（通常は180〜250m）
- 生息域 ｜ インド洋
- レア度 ｜ ★★★★★

切り取ると……

チューブ状の構造物
（脊索）

脊索

冷凍標本で見ると……
監修の石垣先生が冷凍標本で確認した脊索。頭が落とされた標本の背骨にあたる部分には、パイプのような脊索が通っている。

写真:Science Photo Library/アフロ

たくさんのヒレを使って逆立ちもできる!?

シーラカンスはデボン紀に栄えた古代魚の生き残りで、現代ではめずらしい特徴をもっている。たとえば、背中を通る脊索もそのひとつだ。脊索はチューブ状の構造物で、背骨に進化する前の原始的な特徴を残した部位だ。シーラカンスは脊索がそのまま残っていて、背骨の役割を果たしている。

脊索の中心にある空洞は脊索液という体液で満たされていて、彼らのカラダが水中で浮くのを助けている。ほかにもシーラカンスはカラダ全体に脂肪がたっぷり含まれていて、その浮きやすいカラダで上昇流や下降流などの水流に流されながら移動するという。

こういうと泳ぎが苦手そうに聞こえるけど、たくさんのヒレを使った小回りを利かせた泳ぎは得意らしい。逆立ちやお腹を上にした泳ぎもでき、さらには吻先のセンサー[※1]で障害物を巧みに避けて移動できる。こうした強みを生かして、彼らは水深100〜500mの大陸斜面にある洞窟や岩、崖のカゲに潜んで暮らす。大型生物が不得意な場所を棲みかにすることで、安全を確保しているんだね。

※1……細かく言うと、生物の発するかすかな電気を感じ取れる。/参考・出典:Fricke,H. Reinicke,O. Hofer,H. Nachtigall,W『Locomotion of the coelacanth *Latimeria chalumnae* in its natural environment』Nature:329 (1987)

| 第3章 | 硬骨魚類 059

リュウグウノツカイ

食べられてもコンティニューする伝説の魚

インパクト大の平たい巨体には生き残るためのヒミツがつまっている?

DATA
リュウグウノツカイ

[アカマンボウ目リュウグウノツカイ科]

体長	およそ300cm程度（硬骨魚類では最大／最大800cm）
食べ物	小型の魚類、イカ、小型の甲殻類など
水深	200〜1000m
生息域	太平洋（日本、アメリカ、メキシコ）
レア度	★★★☆☆

キケンなときはシッポを切る!

リュウグウノツカイの解剖図

大事な臓器は前側におさまっている。カラダを切る際にほとんど失われる盲腸は、本来は食べ物を貯めこむ役割があるらしい。

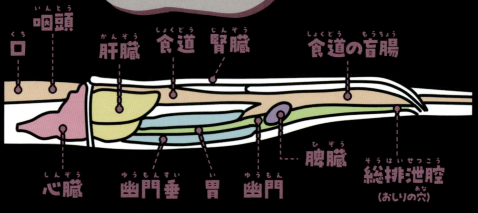

口・咽頭・肝臓・食道・腎臓・食道の盲腸・心臓・幽門垂・胃・幽門・脾臓・総排泄腔（おしりの穴）

出典：Roberts, T.『Anatomy and physiology of the digestive system of the oarfish *Regalecus russellii* (Lampridiformes: Regalecidae)』Ichthyological Research (2017)

写真:Blue Planet Archive/アフロ

カラダを自ら切って生きのびる!?

帯のように薄く引き伸ばされた銀色の巨体、トサカのような赤い背ビレ――リュウグウノツカイはそのユニークな見た目で知られる魚だ。たまに海岸に打ち上げられては発見者を驚かせ、ニュースで取り上げられることも少なくない。

彼らはカラダを波打たせて泳げるけど、しばしば海岸に打ち上げられてしまう。そのくらい泳ぐチカラがヨワいんだ。なので、普段は頭を上に向けて立ったような姿勢で深海に漂っているらしい。漂っていれば体力を使わないし、縦向きなら自分の下に落ちるカゲを小さくおさえられるからだ。

しかし、いくらカゲを小さくしても、外敵に見つかることはある。そんなとき泳ぎが苦手な彼らは、カラダの後ろ端を切り離すといわれる。そして、カラダの一部をオトリにして逃げるんだ。そんなことをして大丈夫なのかと心配になるけど、彼らの大切な内臓はカラダの前方にまとまっているので死ぬことはない。ピンチのときに使う苦肉の策ではあるけど、彼らはこのカラダの仕組みを利用して過酷な海を生き残ってきたんだ。

第3章 硬骨魚類 061

DATA

アカナマダ

[アカマンボウ目アカナマダ科]

- 体長 | 70cm～2m
- 食べ物 | 小型の魚類やイカ類など
- 水深 | 200～1000m
- 生息域 | 北海道から九州にかけての沿岸地域／太平洋と北大西洋の暖海域
- レア度 | ★★★★☆ ※1

テングノタチ

アカナマダと同じアカマンボウ目アカナマダ科の深海魚で、彼らも立ち泳ぎをしておしりの穴からスミを噴き出す。

下から襲いかかる敵を煙幕で撃退

おしりの穴からスミを噴射!?

　アカナマダは、リュウグウノツカイと同じアカマンボウ目の深海魚だ。立ち泳ぎをする※2などリュウグウノツカイと似た習性をもつが、アカナマダは脊椎動物としてはアカナマダとその近縁種にしかない能力をもっている。おしりの穴（総排泄腔）からスミを噴き出す能力だ。

　スミを噴く生物といえばイカやタコが知られている。イカやタコの仲間（の一部）は危険を感じるとスミを吐いて煙幕を張って逃げ出すけど、アカナマダも危険を感じると肛門からスミを噴き出し

て逃げ出すんだ。深海の捕食者は自分より上方向にいるエモノのカゲを頼りに狩りをおこなうため、襲撃はその逆で基本的に下からくる。おしりからスミを噴き出すことで、下からの外敵を効果的に煙に巻くことができるんだね。

　ちなみに、アカナマダの胃や腸からはハダカイワシやムネエソのものと思われる色素が発見されている※2という。このことからアカナマダは黒い深海魚を眼で見て狙って食べていると考えられている。

062

深海魚にスミは必要?

「深海生物がスミを吐いたところで意味があるの?」と思う読者もいるだろう。たしかに深海はもともと暗く見通しが悪いから、スミを使うことが有効な防御手段にならないと考えるのはもっともだ。実際、スミを噴くことがわかっている深海生物はアカナマダとその仲間のテングノタチくらいでとても少なく、一般的な方法ではない。

しかし、まったく意味をもたないかといえば、そんなことはないだろう。彼らが生息するのは水深1000mまでの弱光層で、わずかながらも光が届くエリアである。このエリアには微弱な光をとらえるように眼の機能を発達させた生物もいるので、こうした生物に対してスミは十分に視界を奪う厄介な煙幕となりうる可能性があるんだ。

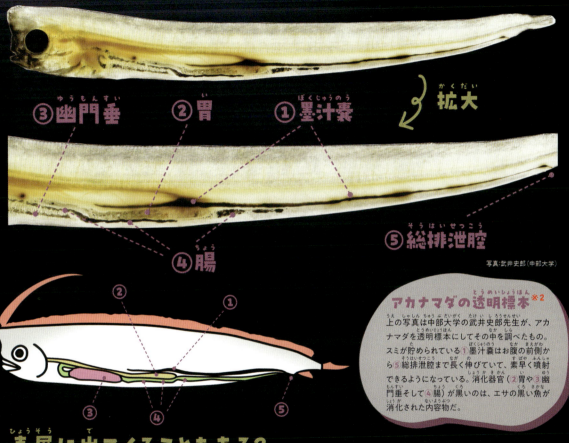

①墨汁嚢 ②胃 ③幽門垂 ④腸 ⑤総排泄腔

写真:武井史郎(中部大学)

アカナマダの透明標本 ※2

上の写真は中部大学の武井史郎先生が、アカナマダを透明標本にしてその中を調べたもの。スミが貯められている①墨汁嚢はお腹の前側から⑤総排泄腔まで長く伸びていて、素早く噴射できるようになっている。消化器官(②胃や③幽門垂そして④腸)が黒いのは、エサの黒い魚が消化された内容物だ。

表層に出てくることもある?

アカナマダの生態は完全にはわかっていないので、そもそも生息域が深海のみではない可能性も十分にある。過去の捕獲記録などから表層でも生活していることを疑う専門家もいる※3ので、その可能性も無視はできないだろう。

ただし、深海生物が表層にも出てくるからといって、彼らが表層でもくらしているとは言い切れない。たとえば、ハダカイワシのような深海魚は夜には表層へ浮上し、昼には深海へ潜る日周鉛直移動(詳しくはP105)をおこなう。また深海魚は水流に流されたり、混獲※4と放流により表層に強引に引っ張りだされることもあるため、簡単には結論が出ない問題だ。真相については、今後のさらなる研究が待たれる。

ハダカイワシ

昼は深海、夜は表層に移動する日周鉛直移動で知られる魚。アカナマダの胃や腸からは彼らの色素が発見された。

※1……アカナマダの仲間は、リュウグウノツカイよりもレアな魚だ。 ※2……武井史郎(中部大学)の研究にもとづく。 ※3……たとえば、魚津水族館(富山)の飼育員である木村知晴さんは、あくまで個人的な見解としてその可能性を指摘している/出典:孫誤子「銀色に妖しく光る体に赤いヒレ、肛門から墨を出すのが必殺技!? 富山湾で揚がった謎の珍魚「アカナマダ」」まいどなニュース,2021. ※4……漁獲のときに目当てとする以外の海の生物を獲ってしまうこと。このとき、お金にならない魚は捨てられることもある。

第3章 硬骨魚類 063

赤い光に気づく深海生物は少ない

写真:Science Source/アフロ

3色の発光を使い分ける
クレナイホシエソ

DATA

クレナイホシエソ [ワニトカゲギス目ワニトカゲギス科]

- **体長** ｜ およそ15〜20cm程度
- **食べ物** ｜ 小型の甲殻類や魚類など
- **水深** ｜ 660〜4000m
- **生息域** ｜ 太平洋/大西洋/インド洋/南シナ海
- **レア度** ｜ ★★★☆☆

~DIG DEEP~ 深堀 別々に赤い発光を獲得!?

赤い生物発光する深海生物は、クレナイホシエソ（クレナイホシエソ属）のほかにはホウキボシエソ亜科のアゴヌケホシエソ属の6種とオオクチホシエソ属の2種のみがいる。3属の間で似通った発光器ではあるけど、実は属ごとに別々に進化させたものらしい※3。つまり、彼らの発光器は同じルーツを持つわけではなく、それぞれ進化した結果たまたま似通ったということなんだ。不思議だね。

赤い光でエモノをこっそりチェック!

　クレナイホシエソは、赤い生物発光をするめずらしい生物※1の一種だ。眼の下にある彼らの発光器は、普段はほかの深海生物と同じく青い光を放っている。しかし、発光器のフィルターを切り替えれば、赤色の光を放つこともができるんだ。
　彼らはなぜ、わざわざ赤い光を放つのだろう？それは狩りや求愛のためだという。深海には青色以外の光がほとんど届かないので※2、多くの深海生物の眼には赤色の光が見えない。だから、赤色の光を狩りに使えばエモノを気づかれずに照らして一方的に見られるし、子作りの相手を探す合図にしても外敵に自分の居場所を知られることはない。クレナイホシエソは深海の生物の適応を逆手にとって有利な状況を生み出しているんだ。

基本　狩り・求愛　不明

発光器は青と赤のほか、オレンジにも光るとされる。オレンジ色の光の役割については、よくわかっていない。

参考・出典：大場裕一『世界の発光生物 分類・生態・発光メカニズム』名古屋大学出版会（2022） ※1……フェンゴス科の甲虫の一種と、「深掘」のコーナーで取り上げた3属のみ。 ※2……くわしくはP11参照 ※3……Kenaley,C.P.『Comparative innervation of cephalic photophores of the loosejaw dragonfishes (Teleostei: Stomiiformes: Stomiidae) : evidence for parallel evolution of long-wave bioluminescence』J Morphol:271 (2010)

クラゲに隠れて暮らす ハナビラウオ

DATA

ハナビラウオ［スズキ目エボシダイ科］

- 体長｜およそ50cm程度
- 食べ物｜幼魚はクラゲ類
- 水深｜〜1000m（稚魚・幼魚は表層）
- 生息域｜太平洋・大西洋・インド洋
- レア度｜★★★☆☆

守ってくれたクラゲを食べる!?

ハナビラウオの幼魚は、表層を漂うクラゲの下に隠れて幼少期を過ごす。成長すれば体長50cmにものぼる彼らも、幼魚のときは5cm程度ととても小さい。その間はクラゲの下に身を隠して、その毒針で自分を守ってもらうんだ。

しかし、そんなハナビラウオをよく観察すると、彼らがクラゲにクチを近づけていることがある。実は彼らはクラゲに隠れるだけではない。クラゲを食べる魚なんだ。彼らはクラゲの口腕から内部をつついて食べつくし、最終的には傘のまわりも食べてしまう。間借りしたうえに食べてしまうなんて恩人にひどい仕打ちだけど、ハナビラウオにとってはそうではない。隠れながら、安全にエサを手に入れる最も有利な生き残り戦略なんだ。

ハナビラウオの成魚
成長すると、その体長は50cmにもなる。成魚は幼魚とは異なり、流線形のボディをもち海底で過ごす。成魚の採集例は少なく、とてもめずらしい。

成長するとーー

ユウレイクラゲによくついている
監修の石垣先生によれば、ハナビラウオはユウレイクラゲを好むらしい。一方で、アカクラゲなどは食べず※4、好みがあるらしい。

クラゲを食べもする

※4……参考・出典：唐亀『クラゲ展示にクラゲでないものが〜ハナビラウオ〜』新江ノ島水族館公式ウェブサイト えのすいトリーター日誌 https://www.enosui.com/diaryentry.php?eid=06352（2024.09.30閲覧）

写真：堀口和重／アフロ

会いに行ける深海魚
サギフエ

DATA
- **サギフエ** [トゲウオ目サギフエ科]
- 体長｜およそ12cm程度
- 食べ物｜稚魚はカイアシ類、成魚は海底の生物
- 水深｜600m
- 生息域｜インド洋から西太平洋・東大西洋・地中海・西大西洋
- レア度｜★☆☆☆☆

写真:鈴木香里武

稚魚は実はギンギラギン!?

平べったいカラダに長い吻……サギフエは世界中の海に広くいる魚で水族館には展示されやすい魚なので、水槽で実物を目にしたことのある人も多いだろう。

しかし、彼らが実は稚魚のうちは全身銀色のキラキラとしたカラダをしていることはあまり知られていない。幼少期を海の表層で暮らす彼らは、光を反射する銀色のカラダで自分を見分けにくくして、外敵から隠れるんだ。そうやって表層にあるたくさんのエサを食べて、成長後により深い海へ移動する。水族館でよく見る成長したサギフエが赤いのは、深海ではその方が目立たないからだ。

サギフエの稚魚

海の表面は、太陽光を反射してキラキラしている。銀色のカラダは光をよく反射し、このキラキラに溶け込むことができる。

海底にたたずむ三脚魚
オオイトヒキイワシ

DATA
- **オオイトヒキイワシ** [ヒメ目チョウチンハダカ科]
- 体長｜およそ30cm程度
- 食べ物｜動物プランクトン
- 水深｜およそ900〜4700m
- 生息域｜西部中央太平洋・インド洋・西部大西洋・大西洋
- レア度｜★★★★☆

写真:Photoshot/アフロ

アンテナを広げてエサを待つ

オオイトヒキイワシは、ヒレを三脚のようにして海底に立つ魚（サンキャクウオ）の一種だ。

オオイトヒキイワシの胸にはヒレが変化したワイヤーのようなものがあり、これをアンテナとして使用している。アンテナを水流の方向に向けるようにして広げて、流れてきたプランクトン（小型の甲殻類など）が生み出す振動や水流の変化を感じ取って狩りをしているんだ。

彼らはヒレをたたんでフツウの魚のように泳げるけど、エサの少ない深海でむやみに泳ぐと体力の消耗が激しい。だから、彼らはなるべく泳がずに漂うエサを待つ生き残り戦略を選んだんだね。

クネクネ泳ぐ

目玉がビョーンととびでたヘンテコ稚魚
ミツマタヤリウオ

DATA
ミツマタヤリウオ［ワニトカゲギス目ミツマタヤリウオ科］

体長	およそ35cm程度
食べ物	不明（幼魚はプランクトン）
水深	～1000m（幼魚は表層）
生息域	日本では北海道以南の太平洋／北太平洋の温帯
レア度	★★★★☆

長い眼でエモノを追う?

ビョーンと飛び出した2本の眼……ミツマタヤリウオの稚魚は、長すぎる眼が最大の特徴だ。

眼は頭蓋骨から伸びた軟骨でできていて、その中を視神経が通っている（成長すると軟骨が消え、視神経は頭蓋骨に収納されフツウの眼になる）。体長の25%にもなる長い眼は自在に動かせるので、広い視界でエサとなるプランクトンをいち早く発見したり、眼で追いかけるのに役立つのではないかとされる。ほかにも周囲を見渡すのに長い眼を動かすだけでいいので余計な動きが不要になるし、表面積が増えることで表層で過ごすときの浮力の助けにもなる。もちろん、その正確な役割はわからないけど、奇妙に見える長い眼にもそれなりの"理由"があるんだね。

図解参考文献：天岡邦夫「深海魚　暗黒街のモンスターたち」（ブックマン社・2009）p103

稚魚／赤い部分が軟骨／成長すると……／もはや別の生き物!?／成魚

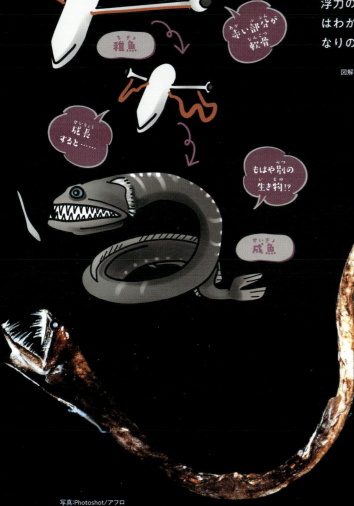

最大10cm！

オスはとても小さい
ミツマタヤリウオのオスは、メスの1/7程度しかない。また、発光器の位置やアゴの下のヒゲ（メスにしかない）にもちがいがある。

写真：Photoshot/アフロ

他人のカラダにタマゴを産みつける!?
ヒメコンニャクウオ

DATA
ヒメコンニャクウオ [スズキ目クサウオ科]
- 体長　｜およそ10cm程度
- 食べ物　｜小型の甲殻類など
- 水深　｜521～1100m
- 生息域　｜福島県から駿河湾・北西太平洋
- レア度　｜★★★★☆

産卵はカニとの真剣勝負

　ヒメコンニャクウオは、その名のとおりコンニャクのようなぶよぶよのカラダをもつ深海魚だ。お腹を吸盤のようにして岩などにくっつけられるので、水族館などでは展示水槽のガラスにくっついていることも多い。自然界でもこのようにして、じっと深海の岩場にくっつくことで体力の消耗をおさえているのかもしれない。
　ヒメコンニャクウオの生態でユニークなのは、彼らがカニの甲羅の内側にタマゴを産みつけることだ。もちろん産卵中にカニに襲われるリスクもあるけど、成功すればカニをタマゴのボディガード代わりにできる。親は命がけで産卵するんだね。

ヒメコンニャクウオのお腹

お腹側からヒメコンニャクウオを見ると、吸盤のようなものがある。これを使って、岩などにくっつくこともできる。

胸ビレで味がわかるグルメハンター
サケビクニン

DATA
サケビクニン [スズキ目クサウオ科]
- 体長　｜およそ40cm程度
- 食べ物　｜小型甲殻類など
- 水深　｜およそ50～900m
- 生息域　｜北東太平洋、オホーツク海、日本海など
- レア度　｜★★★☆☆

ヒゲで海底を味見する!?

　サケビクニンの腹をよく見ると、ヒゲのようなものがあるのがわかる。これは腹ビレが変形したもので、その先には味蕾があって味を感じ取れる。彼らはこのヒゲを用いて海底を探り、砂に潜ったエモノを見つけるんだ。普段はゆったりと泳ぐサケビクニンだけど、このヒゲでエサを見つけると素早い動きでエサを食べる。
　見た目はヒメコンニャクウオに似ているけど、サケビクニンは眼が大きい。彼らの眼は大部分がまぶたに覆われ、中心部にあいたピンホールのような穴から光を取り入れるんだ。この穴は大きさを変えられ、取り入れる光の量を調整できる。

フワ～　暗いところでは開いて……　キュッ　明るいところではシボる!

実はカワイイ "世界一みにくい生物"
ニュウドウカジカ

DATA
ニュウドウカジカ [スズキ目ウラナイカジカ科]

体長	およそ40～60cm
食べ物	ウミウシやカニ、軟体動物など
水深	500～2800m
生息域	北太平洋（日本、ベーリング海～米カリフォルニア州サンディエゴ沖）
レア度	★★★★☆

ブヨブヨのカラダを陸に揚げると……

ニュウドウカジカは、普段は海底でじっとしてエモノを待っている。彼らは水圧や水流の変化に敏感で、暗い環境でも微生物が発する泳ぎの振動をもとにエモノを見つけて食べてしまうんだ。

ブヨブヨのゼリー質のカラダは浮力調整や高圧への対応とされる[※1]が、このカラダは海の水分を吸収することで保たれている。そのため、陸にあげられると数十分[※2]で水分が抜けてシワシワになってしまう。「世界一みにくい魚」として知られる外見[※3]は、陸に揚げられたときのものだ。

提供：武井史郎（中部大学）

死んだニュウドウカジカの変形を時間経過とともに並べた写真。最初は生前の形を保っているが、徐々に崩れていくのがわかる。

てのひらサイズ！

有名な姿は死んだ後のもの
ニュウドウカジカのカラダは陸上に揚げると、水分が抜けてシワシワになってしまう。有名な「みにくい」姿は、彼らの死後に撮影されたものだ。

写真：Science Photo Library/アフロ

※1……そのほか、少ない栄養でカラダを大きくするためともいわれる。同様の適応はクラゲなどに見られる。 ※2……武井史郎先生（中部大学）の観察結果による。 ※3……水が抜けるとカサゴの仲間らしいゴツゴツとした顔つきが確認できる。

第3章 硬骨魚類 069

深海のフードファイター
写真：堀口和重/アフロ

ミズウオ

プラスチックも食べちゃう

ミズウオは目の前を通りかかったものは、反射的に食べてしまう。海を漂うプラスチックゴミなども丸呑みにしてしまう。

ミズウオ [ヒメ目ミズウオ科]	
体長	およそ150〜210cm程度
食べ物	ウミウシやカニ、軟体動物など
水深	0〜2800m
生息域	東太平洋・西太平洋・東大西洋・西大西洋・インド洋・北西大西洋・南シナ海および東シナ海
レア度	★★★☆☆

なんでも食べちゃう貪欲さ

ミズウオは体長1.5〜2.1m程度の細長く平べったいカラダをもった深海魚だ。その名のとおり水っぽい筋肉をしており、泳ぐチカラはヨワい。そのため、彼らもリュウグウノツカイなどと同じく、たまに湧昇流※1に流されて海岸に打ち上げられていることがある。

先の尖った巨大なクチには鋭いナイフのような牙がついていて、このクチのなかにエモノを閉じ込めて丸呑みにしてしまう。それこそ手当たり次第に食べてしまうので、大きすぎるエモノや海に漂うゴミなどを食べて窒息してしまうこともあるという。共食いをすることもあり、自分と140cmのミズウオが109cmの仲間を丸呑みにした事例もあるという※2。

ミズウオと胃の内容物

写真：石垣幸二

体長1.2mのミズウオの胃の中身。タチウオやシギウナギ、マメハダカ、ゴマフイカ、ユウレイイカ3匹が発見された。

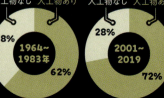

人工物なし　人工物あり

38% 1964〜1983年 62%

28% 2001〜2019 72%

ミズウオの体内から人工物が見つかる割合

出典：東海大学海洋学部博物館・伊藤芳英さんによる調査データ／山本智之「ミズウオで知るプラごみ汚染」（朝日小学生新聞2019年8月29日付）より引用

（計296匹を調査）　（計165匹を調査）

※1……深い層から表層に向けて流れる海流　※2……北村雄一『深海生物ファイル あなたの知らない暗黒世界の住人たち』ネコ・パブリッシング（2005）

070

こう見えて実は……深海の早食い王！
ミドリフサアンコウ

ミドリフサアンコウ [アンコウ目フサアンコウ科]

DATA
- 体長｜およそ20〜30cm程度
- 食べ物｜小型の魚類や甲殻類
- 水深｜90〜500m
- 生息域｜北西太平洋（日本から台湾南部、南シナ海まで）
- レア度｜★★☆☆☆

さりげないけどエスカもある

外敵に襲われると風船みたいに!?

　ミドリフサアンコウは、P46のアカグツと同じアンコウの仲間だ。彼らも擬餌（エスカ）が頭のうえにあり、エモノ（小型の魚など）が通るのをじっと待って食らいつく。エモノに飛びつくスピードはとても速く、カラダをのばしてエモノを食べて元に戻る動きをほんの一瞬でおこなう。

　一方、ミドリフサアンコウは外敵に襲われて身の危険を感じると、海水を一気に吸い込んでカラダを膨らませるという習性もある。カラダを風船のようにパンパンに膨張させた姿はユーモラスだけど、これは外敵を驚かせたり飲み込まれにくくするためのもの。れっきとした防御機能なんだ。

人気食材だけどナゾ多き魚
アオメエソ

アオメエソ [ヒメ目アオメエソ科]

DATA
- 体長｜およそ13cm程度（成熟個体不明）
- 食べ物｜小型甲殻類
- 水深｜300〜350m
- 生息域｜西太平洋（日本南部からフィリピンまで）インド洋
- レア度｜★☆☆☆☆

成体になると姿を消す!?

　食卓ではメヒカリの名で親しまれるアオメエソは、海底の砂地に胸ビレと尻ビレを立ててひとりで立っているという。海流に顔を向けてじっとエサを待ち狩りをすると考えられている。

　アオメエソは成体[※3]になる前の若魚[※4]の期間だけを日本近海で過ごし、成体になる頃にはどこかにある繁殖場へと消えてしまう。そのため、成体は2022年にアクアマリンふくしま（福島県）で発見されたものしか見つかっていない。成魚になった個体は水槽を変えた後に発見されたらしく、なんらかの環境が成長に影響したと疑われる。おいしい魚のナゾ解明は、まだ始まったばかりだ。

アオメエソの生活史模式図

産卵場？

　稚仔魚の採集地点から推測される繁殖場所は、日本のはるか南だ。つまり、彼らは小さいながら、遠距離の回遊をする魚でもある。

出典：猿渡敏郎「アオメエソ属魚類をモデル分類群とした、小型底魚類の生活史に関する研究」(2011) 図6をもとに作成

※3……子どもを作れるほどに成熟した個体のこと。つまり大人。
※4……若い魚。この場合、性的に成熟する前の魚のこと。

第3章｜硬骨魚類　071

COLUMN もっと知りたい ③
深海生物も恋をする？

深海は空間の大きさに比べて生物が少ない
それは深海生物が、自分の仲間を見つけることがムズカシイことを意味する
では、彼らはどうやってパートナーを見つけて、子どもをつくっているのだろうか？

孤独な深海の世界

　水深900〜4900mの深海には、シンカイエソという魚がいる。彼ら（彼女ら）は深い海の底にじっとはりついて、いつか通りがかるかもしれないエモノを待ち続ける。深海は気が遠くなるほど深く広いけれど、そこに棲む生物の数は少ない。だから、群れをつくらないシンカイエソは、ほとんど1日中を暗い海底で過ごす。たったひとりで。
　しかし、少ないのは、エモノだけではない。自分の仲間も少ないから、恋の相手……つまり、パートナーとの出会いも限られる。深海でせっかく会った仲間が同性で子作りにつながらなければ、仲間の数はますます減ってしまう。
　そこで、シンカイエソは子作りの機会を確実にするために、**オスもメスも同じ生殖器官をもつカラダ（雌雄同体）**を手に入れた。つまり、パートナーに合わせて、オスとメスのどちらの役割も果たせるように進化したというわけだ。こういった例は深海では少なくなく、ミズウオやアオメエソ、チョウチンハダカなども雌雄同体で知られている。

フェロモンでパートナーを追う？

　とはいえ、深海といえど雌雄同体ではない生物

海底にはりつくシンカイエソ
シンカイエソの仲間は、海底でエモノを待ち伏せる狩りをおこなう。群れをつくらず孤独に暮らすシンカイエソは、子作りにおいてオスとメス両方の役割を果たすこともできる。

アメリカナヌカザメの生物蛍光
アメリカナヌカザメは青い光を吸収して、緑の光にして放つ"生物蛍光"をおこなう。

出典：Sparks, J. S.; Schelly, R. C.; Smith, W. L.; Davis, M. P.; Tchernov, D.; Pieribone, V. A.; Gruber, D. F (. 2014). CC BY 4.0

のほうが多い。そういう生物は、どうにかしてパートナーを見つける能力を手に入れているはずだ。深海生物のパートナー探しについてはほとんどわかっていないが、いくつかの仮説はある。

たとえば、**フェロモン**を通じてパートナーの居場所を見つける方法だ。真っ暗な深海ではニオイに敏感な生物がたくさんいるので、フェロモン（化学物質）を通じてパートナー候補の痕跡を感じ取り（あるいは痕跡を残して感じ取らせて）、パートナーと出会うというわけだ。

音や光でパートナー探し？

ほかにも**音や光を使って**パートナーを探している可能性も考えられている。聴覚が発達している（可能性のある）深海魚[※1]も報告されているし、生物発光が仲間とコミュニケーションに使われるというのも一般的な説明なので、十分に納得できる仮説ではある。

実際、生物発光ではないけど、光をパートナー探しに利用しているといわれる生物もいる。それが主に水深500〜600mの深海に生息する**アメリカナヌカザメ**だ。このサメの肌には、青色の光を吸収して緑色の光を放つ色素がある[※2]。つまり、アメリカナヌカザメは"生物蛍光"するサメなんだ。

実はこの生物蛍光はアメリカナヌカザメの目を通してみるとよく見えるといわれているだけ

でなく、蛍光の模様がオスとメスで違うこともわかっている。つまり、彼らはこの生物蛍光を頼りに仲間の存在にいち早く気づけるだけでなく、光の主がオスかメスかもわかる可能性もあるというんだ。いかにもパートナー探しに用いられていそうな能力だよね（もちろん仮説なんだけど……）。

深海にも恋の季節はある？

一般に深海には子作りが盛んになる時期（繁殖期）はないといわれ、**深海生物は1年中子作りができる**といわれる。たしかに、ここまで語ってきた深海でのパートナー探しの苦労を考えれば、それも当然かもしれない。

しかし、海底にすむ生物（ベントス）の一部には、**繁殖期がある**といわれている。たとえば、春に植物プランクトンが爆発的に増える春季大増殖というイベントに合わせて、繁殖期を迎える深海生物もいることがわかっている。これは植物プランクトンが増えることで、海の栄養も増えるからではないかといわれる。つまり、いっぱいゴハンを食べられる時期に赤ちゃんを産めば、それだけ赤ちゃんも生き残りやすい。だから、**栄養が豊富な春に子作りを活発におこなう**ということだ。

子どもを増やす機会が少ない深海生物は、自分たちの遺伝子をさまざまな方法で次世代につなげているんだね。

※1……Deng, X et al.『The inner ear and its coupling to the swim bladder in the deep-sea fish *Antimora rostrata*（Teleostei: Moridae）』Deep Sea Research Part I: Oceanographic Research Papers（2011） ※2……Sparks,J.S et al.『The covert world of fish biofluorescence: A phylogenetically widespread and phenotypically variable phenomenon』PLoS ONE（2014）

～第4章～
甲殻類
カニ・エビ・ヤドカリの仲間

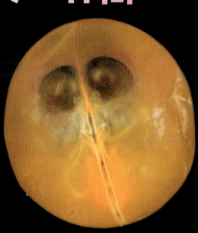

ギガントキプリス
⇒P086
眼ヂカラがすごすぎる!?

この章で紹介する生物（一部）

タカアシガニ
⇒P080-081
成人男性よりも大きいカニ!?

ダイオウグソクムシ
⇒P076-079
5年食べなくても生きられる!?

甲殻類ってどんな生物?

いくつかの体節からなるカラダをもつ生物のグループ。ほとんどが水のある場所に生息する生物だけど、ワラジムシやダンゴムシのように陸上で生きている生物も含む。ここからは、およそ7万種いるという甲殻類に属する深海生物を紹介していこう。

ゴエモンコシオリエビ
⇒P087
胸毛で飼ってるバクテリアを食べる!?

©JAMSTEC

深海のおそうじ屋さんはゲロリスト?
ダイオウグソクムシ

フナムシやダンゴムシを含む
等脚目としては最大級の深海生物は
どうやって生き抜いている?

DATA
ダイオウグソクムシ
[等脚目スナホリムシ科]

体長	およそ20〜50cm
食べ物	大型魚類・哺乳類の死骸など
水深	200〜1000m
生息域	メキシコ湾/西大西洋
レア度	★★★☆☆

クルクルッ!!

ゲロゲロ
ゲロ〜!

ゲロで敵を撃退!?
死骸を食べる生物は、腐臭を嗅ぎ取るために嗅覚を発達させている。ダイオウグソクムシの臭いゲロは、ライバルには脅威だ。

完全に丸まれない
ダンゴムシの仲間といわれるけど、遺伝的には意外に遠い。ダンゴムシのように完全に丸まることもできない。

写真:アフロ

必殺技は臭～い"ゲロ"!?

　ダイオウグソクムシは海底で死骸などを食べて生きており"深海の掃除屋"の異名でも知られる。
　死体漁りというとラクそうだけど、実はライバルも多い。海底に死骸が沈んでくると、ニオイを頼りに多くの生物が群がってくるんだ。いかにライバルを出し抜き、エサに優先的にありつくか。競争に勝つため、彼らはとある秘策を使う。
　昔、石垣先生が海底にエサを沈めたところ、ダイオウグソクムシとオウムガイが競ってエサに近づいてきたことがあった。しかし、ここで奇妙なことが起きた。何を思ったか、急にオウムガイが逃げ出したのだ。これにより、しばらくダイオウグソクムシはエサを独り占めにできたという。
　なぜオウムガイは逃げたのか。原因と考えられるのが"ゲロ"だ。ダイオウグソクムシは危険を感じたときなどに、ゲロを吐く。たかがゲロ……と侮ってはいけない。暗い深海でエサを探すために嗅覚を発達させたオウムガイにとって、臭いゲロはスカンクのおならのようなものだろう。彼らのゲロは、深海では十分に脅威なのかもしれないね。

第4章 | 甲殻類　077

硬い甲羅は背中に7枚、胸に6枚ある。また、海底を歩くときには、7対の脚（歩脚）を使う。脚の間にはタマゴを抱える保育嚢もある。

スイースイー
背泳ぎ〜

羽ばたかせる！

遊泳脚

パタパタ パタパタ〜！

写真：ロイター／アフロ

思ったよりスイスイ泳ぐ……！？

ダイオウグソクムシは海底でじっとしていることが多いが、泳げない生物というわけではない。下腹あたりには5対のヒレのような遊泳脚があり、これをパタパタと羽ばたかせることで泳ぐこともある。

ダイオウグソクムシの泳ぎ方としては、背泳ぎがよく知られている。彼らはお腹を上にした状態でスイスイと素早く泳ぐことがあり、水族館でもごく稀に目撃されている。

なぜ背泳ぎなのかはハッキリしていないけど、平衡感覚が未発達だからではないかという説がある。死骸をいろいろな角度からくりぬいて食べる彼らにとっては平衡感覚は未発達なほうが都合がいいのだけど、そのせいで泳ぐときには背泳ぎになってしまう……というわけだ。

かといって、水平に泳ぐことがないわけではない。たとえば、アメリカの海洋探査研究局（NOAA）が2017年にメキシコ湾でとらえた映像には、お腹を下に向けて地面と水平に泳ぐダイオウグソクムシが記録されている。

飼育下の脱皮がハードル

　カニなどほかの甲殻類と同じように、ダイオウグソクムシも脱皮を繰り返して大きくなる。甲羅が白くなった後、脱皮は2回に分けておこなわれる。お尻側から先に脱皮して（背中側にある14の節のうち、前から5番目の節より後ろ）、時間をおいて頭側の脱皮もおこなうんだ。1回目の脱皮完了から2回目の脱皮に要する時間はハッキリしていないが、飼育下では1か月〜数か月かかるとされる。

　しかし、実はこの脱皮は飼育下では一度も成功していない（2024年9月現在）。現在、鳥羽水族館（三重県）を中心に挑戦は続けられているけど、今のところ成果は出ていない。1回目の脱皮には成功しても、2回目（前半分）の脱皮に成功せずに死んでしまう例が相次いでいるんだ。

　脱皮がなぜ失敗してしまうのかは、残念ながらわかっていない。そもそも、飼育下で確認されているこの脱皮行動が、正常かどうかすらもわかっていない。さらなる生態の解明のためにも、粘り強い取り組みが求められているんだね。

1食で5年生きられる！

　ダイオウグソクムシは絶食に強いとされる。鳥羽水族館で飼育されていた個体は、5年間にわたりエサを食べずに生きたという記録もある。

　なぜ絶食に強いかはハッキリとしていないが、近縁のオオグソクムシを使った研究※1では2つの理由が指摘されている。まず一度に食べる量がとても多く、最大で自分の体重の45％にものぼること。そして、次の理由が代謝量が少なく消費エネルギーが非常に低いこと（水温10.5℃のとき、33gのオオグソクムシの場合で年間13kcalと試算されている）。ダイオウグソクムシも似たような理由で絶食に耐えているのかもしれない。

ワニの皮も食い破るアゴ

　ダイオウグソクムシの口は、いつもは顎脚にカバーされている。顎脚の内側には鉤刺（カップリングフック）という細かいフックが並んだ平べったい器官があり、これがチャックのように機能することで、顎脚はピッタリと閉まるようになっているんだ。食事のときはこの顎脚でエサを固定し、内側に隠れている鋭い大顎などでエモノを細かく噛み切ってから、飲みこむとされている。

　彼らのアゴの切れ味はとてもよく、クジラのような大型の生物も食べてしまう。それどころか実験※2で沈められたアリゲーター（の死骸）の硬い皮を食い破って、貪り食べたという記録もある。彼らのアゴはとても強力なんだね。

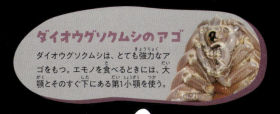

ダイオウグソクムシのアゴ
ダイオウグソクムシは、とても強力なアゴをもつ。エモノを食べるときには、大顎とそのすぐ下にある第1小顎を使う。

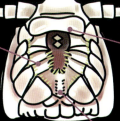

顎脚
顎脚はエサをつかんで食べやすいようにコントロールしたり、固定するための器官。クチのカバーのような役割も果たすとされる。

大顎・小顎
大顎と小顎（第1小顎）は、エサを細かく噛みきるのに使う。歯のように硬く鋭い突起がついていて、これでエサを切る。

基節内葉
基節内葉は顎脚の内側にある。5対のフックのような突起がついていて、これを組み合わせることで顎脚をしっかり閉じている。

成人男性をしのぐ巨大カニ
タカアシガニ

写真:古見きゅう/アフロ

タカアシガニは深海底に生息する巨大なカニで、脚を広げるとその全長は3m以上になる
近年その数を減らしつつあるタカアシガニはどうやって増えているんだろう?

DATA

タカアシガニ [十脚目クモガニ科]

- 体長 | 甲幅40cm程度
- 食べ物 | エビ、イカ、貝類、小型の魚類など
- 水深 | 250〜600m
- 生息域 | 岩手県以南の太平洋沿岸・台湾
- レア度 | ★★☆☆☆

交尾前ガードでメスを守る!

　甲殻類のオスには、脱皮前のメスをガードするものがいる。これを交尾前ガードといい、交尾に先んじてオスがメスをキープする行動だ。甲殻類のメスは脱皮後のカラダがやわらかいときに交尾するので、オスはライバルからメスを守りつつ脱皮の完了を待つ。タカアシガニも同様で、彼らは長い脚を檻のようにしてメスを自分のカラダの下に閉じ込めてしまうんだ。

　しかし、監修の石垣先生は、タカアシガニのオスが交尾後もメスを引き続き閉じこめて、繰り返し交尾したケースを目撃したという。これは交尾を確実なものとするための行動かもしれないけど、残念ながら同様の目撃報告はほかに上がっていない。その真相やいかに……?。

ガードするオス
覆おうとしてる?
お腹をくっつける!
ふんどしが開く!
脱皮前のメス

メスのふんどし

お腹の「ふんどし(前掛け)」という部分。開閉できて、交尾の際には開く。産卵後もここにタマゴを入れてふ化まで保護する。

飼育下のふ化に成功!

タカアシガニの飼育下での繁殖(養殖)は、とても難しくいまだに完全な成功例はない(2024年9月現在)。しかし、この分野についての研究は進んでおり、人工ふ化から稚ガニまでの飼育についてはいくつかの成功例がある。

タカアシガニの幼生(ゾエア、メガロパ)の飼育はとても手間がかかるもので、毎日水槽とその中の水を交換しなければならない。彼らは泳ぐチカラが弱いので放っておくと水槽の底に沈んでしまうのだが、そのときに水槽が汚れていると汚れと個体が混じりあってしまって、ほとんどの場合に稚ガニまで成長できないからだ。広くて水流もある海なら自然と解消される問題も、養殖の場合には人間が対応しないといけないんだね。

稚ガニになった後、タカアシガニは脱皮を繰り返して大きく成長していく。初期は20～30日の間隔で脱皮し、1回の脱皮あたり約1.3倍の大きさになるという報告がある[※1]。現在のところの飼育記録は3～4年程度で、まだその飼育・養殖技術の研究は発展途上だ。

タカアシガニのたまご

ふ化直前 / ゾエア / メガロパ / 稚ガニ

最初は1mm未満のゾエア幼生の姿で生まれ、16日ほどでメガロパ幼生になる。幼生はそこからさらに約1か月後に稚ガニへ成長する。

～DIG DEEP～ 深堀 タカアシガニの脱皮ガラ

1齢稚ガニ / 2齢 / 3齢 / 4齢 / 5齢 / 6齢 / 7齢 / 8齢 / 9齢 / 10齢

静岡県水産・海洋技術研究所

カニ類は年齢ではなく、脱皮回数を指す脱皮齢期を使う。メガロパから成長した稚ガニを1齢として、その後、脱皮するごとに齢を1つずつ重ねていく(写真は10齢までの脱皮ガラ)。ちなみに、5cmまでは1年に数回の脱皮をして、5cm以上になると1年に1度脱皮するようになる。

参考・出典:岡本一利ほか『タカアシガニ幼生の生残,脱皮間隔におよぼす飼育水,餌料,底質,水温の影響』水産増殖:43巻3号(1995)/
※1……渥美敏『タカアシガニの種苗生産と稚ガニの長期飼育』静岡県水産試験場研究報告:34(1999)

写真:Nature Picture Library/アフロ

食べたサルパを家にする!?
オオタルマワシ

他人のカラダを食べたうえに、死体に棲みつく生物がいる!?
まるでホラーなその生態とは?

DATA

オオタルマワシ [端脚目タルマワシ科]

- 体長 ｜ およそ16～40mm程度(オスは8～10mm)
- 食べ物 ｜ サルパ、ホヤ類
- 水深 ｜ 0～2340m
- 生息域 ｜ 世界各地
- レア度 ｜ ★★☆☆☆

食べたサルパの内部に棲みつく!?

　オオタルマワシは、透明なタルの中に身を隠して生きる生物だ。特にオオタルマワシの母親にとって、防御壁になるタルは出産・育児の場として大切な意味をもつ。

　タルの材料にされるのは、サルパなどのゼラチン質の生物だ。タルづくりについてはまだ観察例が少ないが、オオタルマワシはサルパを捕まえると出水孔などから体内に侵入し、それをタルのようなカタチに変えていく。まず脳とエラを食べて取り除き、次に胃の中身や筋肉組織以外を食べる。そして、仕上げにアゴとハサミを使ってサルパの内側を丁寧に削って滑らかにするんだ。報告[※1]によれば、この作業には40時間ほどかかるという。

40時間かけてタルづくり

サルパ
ゼラチンのようなカラダをもったホヤの仲間。さまざまな海の生き物の栄養源となっている。

"タルのなかで" 出産・子育て

オオタルマワシのメスには、育房という器官がある。これはフクロエビ上目に共通する袋で、このグループの仲間はタマゴをふ化まで育房内で守り育てる。オオタルマワシにもこの育房があって、そこでタマゴを育てるとされる。そして、時期がくると育房から直接赤ちゃんを放出するんだ（一方で、タルの内側にタマゴを産みつけるという説もある）。ひとつの報告[※1]では一度に50匹程度の幼生（子ども）を産んだそうで、その出産にはおよそ50分もの時間がかかったという。

こうして生まれたオオタルマワシの幼生は、タル内部にくっついて帯状に並ぶ。幼生たちは安全そうなときにはタルの外側の表面に出ることもあるけど、強い光にさらされるなどして危険を感じるとすぐに内部に戻るらしい。

幼生はそこでタルの一部を食べたり、母親が狩ったエサを分けてもらって、大きくなっていく。そして、幼生は母親と同じような姿に成長するまでタル内部で過ごしてから、広い海へと旅立っていくんだ。

たまごはお腹の育房で保護する

赤ちゃんがいっぱい！

幼生つきのサルパの標本
サルパの内側に、オオタルマワシの幼生がたくさん産みつけられている標本。
©Steve Kerr/CC by 4.0

タルに入ったまま泳ぐ！

オオタルマワシは、お腹にある強力な脚を懸命に動かして泳ぐ。オオタルマワシといえばタルと一緒に泳いでいるイメージが強いけど、実際にはタルなしで泳ぐほうがスピードは3～4倍速い[※2]らしく、意外とタルなしで泳ぐ個体も多い。ちなみに、タルつきでの泳ぎも意外と小回りはきくようで、タル内部でターンすることで素早い方向転換もできる。なお、一説によれば「タルマワシ」という名前は、タルごとくるくる回って泳ぐ姿から名付けられた（タル回し）ともいわれる。

また、タルと一緒に泳ぐときは、基本的にはクチが広い入水孔側を前にして泳ぐとされる（一時的には反対向きで泳ぐこともある）。この理由については議論がありハッキリとしていないものの、効率的に水流を生み出して前に進みやすくするための工夫ではないかともいわれている[※2]。

タルつき・タルなしともに、泳ぐスピードは意外と速く、ビデオやダイビングなどで目にするとそのちょこまかとした動きに驚かされる。ただし、海のプランクトンに分けられている生物ではあるので、水流に流されやすく泳ぐチカラはそこまで強くない。実際、ダイバーが彼らを観察する際には、自身の動きによって生まれる水流に気を遣わないと見失ってしまうことも少なくないという。

スピードは意外と速い

泳ぐオオタルマワシ
泳ぐときはタルに入ったまま、脚をせわしなく動かして泳ぐ。この状態で泳いでいるときのスピードは意外と速い。

※1……Diebel,C.E.「Observations on the Anatomy and Behavior of *Phronima Sedentaria* (Forskal) (Amphipoda: Hyperiidea)」Journal of Crustacean Biology:8 (1988)　※2……Davenport, J.「Observations on the locomotion and buoyancy of *Phronima sedentaria* (Forskål, 1775) (Crustacea: Amphipoda: Hyperiidea)」Journal of Natural History:28 (1994)

たくさんのハサミをもつ潜伏ハンター
センジュエビ

たくさんのハサミ（Polycheles）という学名で知られる深海エビ
その個性的なカタチは彼らの生き残りにどう役立っている？

DATA
センジュエビ［十脚目センジュエビ科］

- 体長 ｜ およそ50〜100mm
- 食べ物 ｜ 小型の魚類や甲殻類など
- 水深 ｜ 300〜2000m
- 生息域 ｜ インド太平洋／大西洋(地中海)
- レア度 ｜ ★★★☆☆

4対のハサミは何に使う？

　センジュエビの最大の特徴は、そのハサミの多さ。5対ある胸脚のうち4対にハサミを備えており、そのハサミの多さを「千手観音」にたとえて名付けられた。ちなみに、4対がハサミというのはセンジュエビ（Polycheles typhlops）の話で、センジュエビ下目の仲間には5対の脚すべてがハサミになっているものもいる。
　最も前にあるハサミがついた脚（鋏脚）はとても細長く、普段はふたつに折りたたまれている。このハサミは完全にのばすと体長と同じくらいにもなり、これを使ってセンジュエビは狩りをしたり、外敵を威嚇したりする。急に飛び出して対象に迫るハサミには、相手の油断を突く効果があるのかもしれない。
　一方、ほかの3対のハサミについてはとても小さく、その役割もよくわかっていない。エモノを確実にとらえるための予備的なハサミという説もあれば、なんらかのセンサーとして機能する可能性も考えられているけど、どれも仮説にとどまっている。

「ハサミだらけ！」

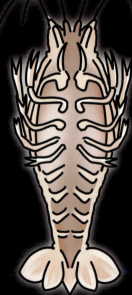

地面と一体になって待ち伏せ

センジュエビといえば、その平べったいカラダも特徴のひとつだ。彼らはこの体型を活かし、普段は海底の砂地にもぐったり、岩場に張りついたりして自身をカモフラージュしている。

砂に潜る際にはカラダの前方を起こして、地面に対して斜めになるように立つ。そして、一番前の鋏脚をのばしたり縮めたりして、その反動で海底に自身のカラダを埋めるんだ。

そうして、彼らはカラダの半分近くを海底に埋めたまま、鋏脚を上に向けてじっと待つ。その後、エサ（小さな魚やエビなど）が自身の前をうっかり通りかかったところでガバっと起き上がり、鋏脚をのばしてエサを狩るらしい。つまり、待ち伏せ型の捕食者なんだね。水族館などで彼らを見てもほとんど動かないのは、自然下と同じ姿ということのようだ。

なお、センジュエビは真っ暗な深海のなかで役に立たなくなった視覚を退化させており、あまり周囲が見えていない。そのため、エモノの感知には触覚などを使用していると考えられる。

地面に埋まっている

エモノが来たら起き上がる

ぺたーっ

ガバッ！

幼生についてはナゾも多い

センジュエビの幼生は海に漂った状態で生きる。最初は体長1.8～2mm程度の大きさで、甲羅は球状、ほとんどの脚は未発達で第1・2胸脚※1のみが大きい不完全な形をしている。その後、彼らは少しずつ形を変えながら成長し、より深い水深へと生活の場を移していく。そして、体長が16mmくらいまで成長するころには甲羅は成体に近い洋ナシ状（右の写真）に変化し、お腹の脚（腹部付属肢）と尻尾（尾肢）が発達して泳げるようになる。彼らが歩くようになるのは、そこからさらに成長して稚エビになってからだ。

以上が幼生についての基本的な知識だけど、幼生に関しては成体以上にまだ未解明な部分が多い。というのも、センジュエビは一般には食用にはされておらず、商業的価値が低いため人間との接点がとても少ない。そのため、センジュエビは分類をはじめとする基本的な研究もまだ完全ではなく、どの幼生がどの種のものかもハッキリとはしていないんだ。ここに掲載した幼生も、実はセンジュエビの一体どの種のものなのかはわかっていない。

写真：Nature Picture Library/アフロ

センジュエビの仲間（幼生）
センジュエビの幼生の写真。泳げるくらいまで成長すると、そのフォルムはかなり成体のセンジュエビに似てくる。

※1……前から数えて1番目と2番目の胸脚のこと。

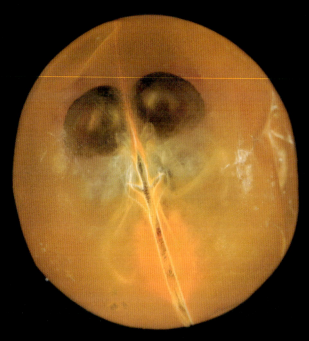

触手と
アゴをのばして
食べる!

パカッ!

写真:Nature Picture Library/アフロ

視るチカラに特化した個性派
ギガントキプリス

ギガントキプリス［ミオドコピダ目ウミホタル科］

体長	およそ1～2cm程度
食べ物	ウミホタル、カイアシ類、ヤムシ類、魚類の幼生など
水深	150～3500m
生息域	太平洋
レア度	★★★★☆

生物発光をとらえて狩る!

　ギガントキプリスは貝形虫とよばれる甲殻類の仲間だ。丸いフォルムは二枚貝のようなカラでできていて、本体はその内側におさまっている。
　彼らの眼はパラボラ状の鏡になっていて、光を反射させて網膜に集中させている。彼らはこの眼を使って、カイアシ類やヤムシ類といった小型生物の生物発光を見て狩りをしているらしい(食事方法は不明だけど、アゴにあるカラの割れ目から触手やアゴをのばして食べるという説がある)。
　彼らの眼は常に動いて変形しているので、ピントがズレやすくなっている。これにより彼らには、遠くからの光だけが点滅して見える。彼らはこの性質を利用して、遠くの大型生物が発する光を避けて、危険を回避している[※1]らしいんだ。

点灯　近い　点滅　遠い
ピカー　チカチカ

触手でクルクル泳ぐ
触手をパタパタと動かして、クルクルと回転しながら泳ぐ。

※1……出典:Parker,A.R.『A Pulsing-Mirror Eye in a Deep-Sea Ostracod』Records of the Australian Museum:75（2023）

胸毛の菌をこそいで食べる!?
ゴエモンコシオリエビ

DATA ゴエモンコシオリエビ［十脚目シンカイコシオリエビ科］
- 体長｜およそ5cm程度
- 食べ物｜細菌
- 水深｜700～1600m
- 生息域｜九州西方から台湾北部の熱水噴出域
- レア度｜★★★★☆

バクテリアを胸毛で養殖!?

深海の熱水噴出孔の周辺に生息するゴエモンコシオリエビは、胸毛についたバクテリアを食べることで知られる。

彼らの胸毛にいるバクテリアは、硫黄酸化細菌とメタン酸化細菌という化学合成細菌の仲間だ。これらのバクテリアは、噴出孔の熱水に含まれる硫化水素やメタンをもとに栄養（糖分）を生み出す。ゴエモンコシオリエビは熱水噴出孔の近くで胸毛のバクテリアに硫化水素などを与えて育てた後、アゴについた脚（顎脚）で胸毛をゴシゴシこそいでこのバクテリアを食べてしまうんだ。つまり、バクテリアを胸毛で自家養殖[※2]する生物なんだね。

摂餌中のゴエモンコシオリエビ

※2……生物を自ら育てて、その生産物を自分で食べたりすること。

実は希少な食卓の人気者
サクラエビ

DATA サクラエビ［十脚目サクラエビ科］
- 体長｜およそ4cm程度
- 食べ物｜プランクトン、生物由来の有機物粒子など
- 水深｜30～300m
- 生息域｜東京湾～台湾沖
- レア度｜★★☆☆☆

海ではピンク色じゃない!?

日本人には食材としておなじみのサクラエビだけど、実は世界的にはめずらしい深海生物だ。今のところ生息が確認されているのは日本と台湾、そしてわずかにボルネオ島やニューギニアのみで、これらの海でプランクトンやマリンスノーなどを食べて生活している。

サクラエビといえばピンク色のイメージがあるけど、あれは加熱されて色素が変化したもの。生きているときは半透明で、生物発光もする。彼らの発光器はお腹に特に集中しているので、生物発光はカウンターイルミネーションや仲間とのコミュニケーションに使っていると思われる。

実は光る!

サクラエビの仲間はそのほとんどが生物発光もする。その光量は日周鉛直移動に合わせて調整されている可能性も指摘されている。[※3]

※3……出典：大場裕一「世界の発光生物　分類・生態・発光メカニズム」名古屋大学出版会 (2022)

COLUMN もっと知りたい ④

深海生物と巨大化

深海生物のなかには、驚くべき巨大化をとげた生物もいる
そうした生物はどうして深海で巨大化したのだろうか？
その理由についてはさまざまな仮説がたてられている

深海生物は巨大になる傾向

深海生物は浅海にいる近縁の生物と比べて巨大になる——この傾向は「**深海巨大症**」と呼ばれ、一般に受け入れられている。たとえば、水深5000mまでの生物を底引き網によって調べた研究では、だいたい水深2500mを境界として、より水深の深い海に生息する魚類のほうが体重が重い傾向があったという[※1]。

実際に有名な深海生物を見ても、ダイオウイカやダイオウグソクムシ（P76-79）、タカアシガニ（P80-81）に代表されるように巨大生物の印象は強い。いずれも浅い海に暮らす近縁のイカやフナムシ、カニなどと比べても巨大であることは間違いない。

また、熱水噴出孔などには**化学合成によって栄養を得ている**深海生物がいることは前に説明した（P13）けど、その代表格であるガラパゴスハオリムシも体長は2～3mで環形動物（ミミズやゴカイの仲間）としてはかなり大きい。

なぜ巨大化するのか

では、ここまでに挙げたような深海生物は、なんで巨大化したのだろうか？　その理由について

タカアシガニ
タカアシガニは、「深海巨大症」の代表例としてしばしば挙げられる。写真は、成人男性が横に寝そべることでその大きさを比べた（ちなみに男性は165cm）。

撮影:U.S.Navy (パブリックドメイン)

7m級のリュウグウノツカイ

1996年にアメリカのカリフォルニア州の海岸に流れついたリュウグウノツカイ。米海軍水陸両用基地の砂浜に打ち上げられ、後にカリフォルニア大学の海洋研究所に送られた。

は、いくつかの仮説がある。

この説明によく使われるのが代謝量だ。代謝量とは、生物が生きていくために欠かすことのできないエネルギー量を意味する。この代謝量は生物の体重と関連しているという法則（クライバーの法則）があり、これによると体重の重い生物ほど代謝が少ないとされる。

また、深海だけでなく陸上の寒いところでも動物が巨大化する法則（ベルクマンの法則）がよく知られる。これはカラダ表面の面積（表面積）が大きいほど冷たい外部と接する部分も大きくなるので、なるべく体積（縦・横・高さの空間的な大きさ）を増やすことで、カラダを冷えにくくして代謝をおさえているのだと理解されている。これと同じことが低水温の深海でも起きているのではないかという仮説もある。

ほかにも、低水温で高圧な深海では、生物の代謝がゆっくりになって寿命が延びる傾向がある。このことから、生物の成長期間も長くなって巨大化するのではないかともいわれる。

また代謝以外にも、カラダが大きいほど天敵に襲われにくくなるからとか、体重が重いほどエネルギーを使わずに深海に沈むことができるからという仮説（逆に浮くときにはよりたくさんのエネ

4m級のダイオウイカ
体長4mを超えるダイオウイカの標本。

出典:NASA (パブリックドメイン)

ルギーが必要になるのだが……）などもある。

どちらにしても巨大化の理由については議論が続いていて、今のところハッキリとした答えは出ていない。

深海生物=巨大ではない

ここまで深海生物の巨大化について説明してきたけど、一方でこの傾向から外れる例も少なくないことは忘れてはならない。

たとえば、棘皮動物（ウニやヒトデ、ナマコなど）や化学合成生物の甲殻類（ユノハナガニなど。P87）のように、水深が深いところにいてもあまり巨大化していない生物もいる。つまり、深海巨大症はある一定の生物グループの傾向を説明するためのもので、すべての生物に当てはまるものではないんだ。

※1……Merret N.R., Haedrich R.L.: Deep-sea demersal fish and fisheries. Chapman and Hall, (1997)

～第5章～
軟体動物
イカ・タコ・貝・ウミウシの仲間

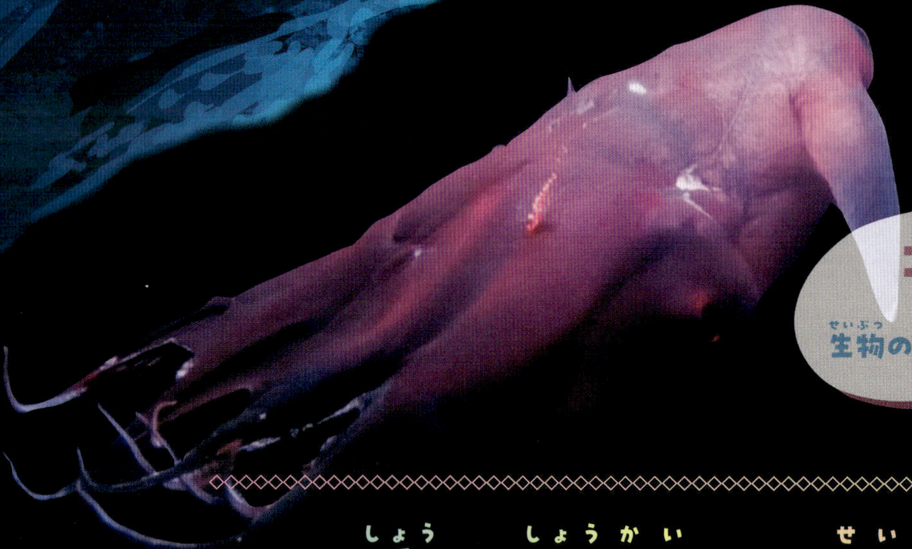

コウモリダコ
⇒P100-101
生物の少ない層でひきこもり!?

この章で紹介する生物（一部）

オウムガイ
⇒P096-099
実は腕の数が半端ない

メンダコ
⇒P092-095
体調がいいときはペッチャンコ！

軟体動物ってどんな生物？

基本的にやわらかいカラダからなる生物のグループ。海の生物が多いが、カタツムリやナメクジのように陸に暮らすものやタニシのように淡水に暮らすものもいる。一説には10万種を超えるともいわれる軟体動物に属する深海生物を見ていこう。

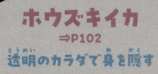

ホウズキイカ
⇒P102
透明のカラダで身を隠す

| 第5章 | 軟体動物　091

深海のスーパーアイドルは「フリスビー」!?
メンダコ

深海生物としては
トップクラスの人気を誇るメンダコだけど
その生態はナゾだらけ!?

DATA

メンダコ
[八腕形目・メンダコ科]

体長	:	およそ20cm
食べ物	:	小型の甲殻類など
水深	:	200m〜1000m
生息域	:	相模湾〜九州の太平洋側
レア度	:	★★★☆☆

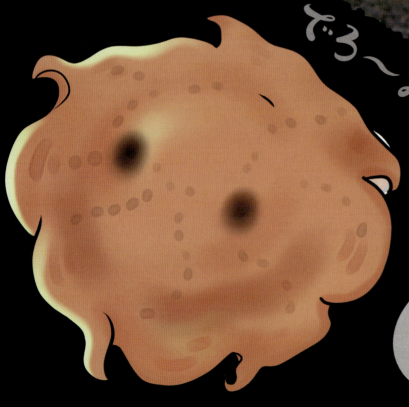

でろ〜ん

手のひら
サイズ!

**網から外された
ばかりの状態**

網から外されたばかりのメンダコは、
自分の重みを支えることができずスライム状に薄く広がってしまう。

> ク・ル・ク・ル
>
> **投げ捨てられていた……?**
> メンダコのニオイはほかの魚に移るため、網にかかるとすぐに取り除かれる。昔は漁船からフリスビーのように投げられていたそう。(食用としての価値がないため)

人気No1だけど……実はクサくてマズい嫌われもの!?

　深海生物のなかでも特に人気の高いメンダコ。水族館に展示されればたくさんのお客さんを集めるそのズバ抜けた人気から"深海のスーパーアイドル"ともいわれる生物だ。

　メンダコといえばキャラクター化されたときの丸っこいフォルムをイメージする人が多い。しかし、実際のメンダコは海底でペッチャンコになっていることのほうが多いという。ブヨブヨのゼリー状のカラダで、海底にパンケーキのように広がって周囲から身を隠すんだ。

　彼らは身を隠すとき、意外に堂々と海底のど真ん中に隠れていたりするらしいけど、それでも彼らは十分身を守れるらしい。その理由は赤い光が届かない深海では、赤いメンダコを眼でとらえられる生物がほとんどいない[※1]からだとされる。

　また、メンダコは意外にクサい。彼らはシンナーのような刺激臭がするらしく、おまけにマズくて食用にもならないので漁師さんたちからは嫌われているらしい。つまり、ニオイとマズさのおかげで人間に狙われることもなかったんだね。

※1……赤い光の届かない深海では、赤い光を見る能力をもっていても使う機会がない。そのため、多くの深海生物は赤い光を見る能力を退化させている。

耳みたいなヒレの役割はナゾ

　メンダコの目のそばには、耳のようなヒレがある。このヒレを泳ぐときにパタパタと動かす仕草も、多くのファンを魅了するポイントのひとつだ。忙しなく動かしているこのヒレだが、実はその役割はハッキリとはわかっていない。
　似たようなヒレをもつタコとしては、メンダコの親戚であるジュウモンジダコが挙げられる。英語で「ダンボオクトパス」とよばれるジュウモンジダコは、実際に耳のようなヒレを力強く羽ばたかせて泳ぐことで知られる。ジュウモンジダコのヒレは大きいので、それを羽ばたかせることで泳ぐことができる。
　一方でメンダコのヒレは、とても小さい。これを羽ばたかせても十分に水をかくことはムズカシイと考えられている。では、メンダコのヒレはなんの役に立っているのだろう？　確実な答えはないけれど、泳ぐときにカラダが傾かないようにバランスを取ったり、方向転換を助けるような補助的な役割をもっているのではないかと考えられている。

エサ取りは横着気味?

　自然のなかでメンダコがどのようにエサを取っているかは、まだわかっていない。水族館の飼育下であれば冷凍オキアミをウデでつかんでクチに運ぶ様子がよく見られるが、深海で生きたエサをどのようにとらえているかはほとんど不明といっていい。
　一方で、東京にある葛西臨海水族園では、過去にメンダコに生きたヨコエビを与えるという実験をおこなっていた※1。実験ではヨコエビが水槽に放たれた瞬間に、メンダコたちはめずらしい行動を見せた。カラダをビョンビョンと上下させたり、ウデを少し持ち上げては戻したりして、自分のカラダの下にヨコエビを招き入れるような仕草を始めたんだ。
　ちょっと横着にも見えるけど、意外とヨコエビはしっかりお腹に入っていたらしい。

手づかみで食べることも
水族館で飼育されているメンダコは、冷凍されたオキアミなどのエサを与えられる。この場合、メンダコはウデでエサをつかんで、膜の下にあるクチへ運ぶことが多い。

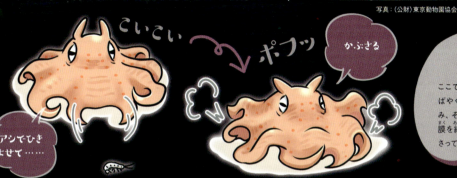

メンダコのエサ取り
ここで取り上げた実験ではすばやくヨコエビの上に回り込み、そのままスカートのような膜を網代わりにして覆いかぶさってとらえる姿もあった。

岩にタマゴをくっつける?

　2016年に葛西臨海水族園で、メンダコのタマゴが水槽の床に産みつけられているのが発見された※2。タマゴは枝豆のサヤのような長さ2〜3cmの入れ物(卵嚢)に包まれていて、卵嚢の一部が床に接着されていたという。接着力は強力で、水族園の飼育員はタマゴの発見時に大きなフンと見間違えてサイフォンで吸い取ろうとしたが、まったく剥がれなかったそうだ。
　それまで飼育下のメンダコの仲間が水槽の岩にタマゴを産みつけるという事例はあったものの、メンダコ(本種)が床にタマゴを産みつけた(タマゴを床にくっつけた)例は確認されていなかったという。もしかしたら、メンダコも岩などにタマゴを産みつける習性があるのかもしれない。

メンダコのタマゴ
床に産みつけられたタマゴを岩に再接着したもの。タマゴは卵嚢に包まれた状態で、一部だけ岩などにくっついていた。卵嚢にはラグビーボール状の白いタマゴが2個入っていた。

~CONSIDERATION~
考察 メンダコの交接腕ミステリー

メンダコがタマゴを産むには、先にメンダコのお父さんとお母さんが交接(赤ちゃん作り)をする必要がある。しかし、メンダコが交接に使う交接腕には、ある基本的な特徴が欠けているという。

そもそも交接腕ってなんだ!?

交接腕とは、タコなどが子どもを作るときに使うウデのこと。たくさんあるウデのうち1〜2本が交接腕で、オスが自分の精子(お父さん側の赤ちゃんのタネ)がつまったカプセルをメスに渡すのに使う。受け渡しできるように交接腕の先には(フツウは)吸盤がついていない。

先には溝がある!

でも、メンダコの交接腕は……?

　一方、メンダコの交接腕を見てみると、吸盤が先っぽまでビッシリとついている。これではカプセルが吸盤にくっついてジャマになりそうだけど、一体メンダコはどうしているのだろうか? メンダコが子どもを作るときの様子はまだ誰も目撃していないので、ナゾは深まるばかりだ……。

先までビッシリ!

※1……葛西臨海水族園「カメラがとらえた! メンダコの不思議なえさの食べ方」(2019年7月5日/東京ズーネット)　※2……葛西臨海水族園「深海生物のなぞを解明する[2]メンダコが卵を産みました」(2016年8月12日/東京ズーネット)

貝のフリしたタコの仲間!?
オウムガイ

深海に潜みながら5億年近くを
生き残ってきたオウムガイの仲間たち
その意外すぎる真実の姿とは……?

DATA

オウムガイ
[オウムガイ目オウムガイ科]

- 体長 ｜ およそ20cm程度
- 食べ物 ｜ 生物の死骸、甲殻類など
- 水深 ｜ 100〜600m
- 生息域 ｜ 南太平洋〜オーストラリア近海
- レア度 ｜ ★★★★☆

触手多すぎ!

オウムガイのクチ
実はクチにも触手がいっぱい生えている。奥にあるイカに似たカラストンビで食べ物をかじり、オロシ金のような舌(歯舌)で削って食べる。

写真:Reinhard Dirscherl/アフロ

実はクチの中にまで……触手の数は全部で90本!?

オウムガイは、南太平洋のサンゴ礁や海底に広く生息する頭足類だ。アンモナイトやイカ、タコとは遠い親戚関係にあり、5億年前ごろに発生した直角の貝殻をもつ古生物エレスメロセラス目を共通祖先とする。

普段は海底近くに浮いて、イカやタコと同じように漏斗[※1]から水をジェット噴射して移動する。眼はピンホールカメラのようにレンズのない構造になっているので視力が低く、周囲の化学物質(ニオイなど)を感知してエサを探している。動きは鈍く、生きたエモノを狩ることは苦手で、基本的には海底近くで死骸などを食べている。

触手はクチをぐるりと取り巻く二重のリング状に並んでいて、オスは66本、メスは90～94本もある。メスはクチの下に産卵用の24～28本の触手を独自にもつので、触手の数が多くなる。

また、触手にはセンサーの役割もあって先に述べた化学物質の感知もできる。特に眼の前後の2対の触手は、圧力や振動といった物理的な刺激を感じとることに長けているという[※2]。

※1……イカやタコがスミを噴く部分というと、わかりやすい。なお、オウムガイはスミを噴かない。　※2……福田芳生、三上進、川本信之「生きている化石―オオベゾオウムガイの特殊な触手(触髭)の構造と機能(予報)」化石研究会会誌:15(1977)

第5章　軟体動物　097

アンモナイトに似ているけど、アンモナイトはイカやタコに近縁。オウムガイは同じ共通祖先をもつけれど、かなり遠縁だ。

内部は小さな部屋（気房）に分かれている！

浮力アップ

浮く！

ほとんどガス

浮力ダウン

沈む！

ガスに比べて体液が多い

ガスと体液の割合を変えて浮力調整

　オウムガイの貝殻の内側には規則的に仕切りが入っていて、いくつかの部屋に分かれている。オウムガイはこのうち最も出口に近い大きな部屋におさまっていて、残りの部屋（気房）はすべて空洞になっているんだ。

　貝殻内部は、気房ごとにガス（窒素など）あるいは体液（カメラル液）に満たされている。オウムガイはこの気房の割合を変えることで、浮力を調整している。具体的には浮くときはガス入りの気房を多めにし、逆に沈むときにはカメラル液入りの気房を多めにする。ガスは海水よりも軽いから、貝殻内部のガスが多いほど浮くんだ。ちなみに、オウムガイと潜水艦の浮力調整の仕組みは似ていて、潜水艦の開発にヒントを与えたとされる[※1]。

カラの断面

実際にカラを半分に切って内部を見ると、こんな感じ。規則正しい仕切りがあって、部屋が分かれている。

※1……潜水艦はタンク内の空気と海水の割合を変えて、浮いたり沈んだりしている。

生まれたときからオウムガイ

オウムガイの産卵については、現在のところ野生下での報告はない(2024年9月現在)。一方、水族館で飼育されているメスは、クチの下にある産卵用の触手をのばして岩や珊瑚のかたまりに一度に1〜2個産みつける。タマゴのふ化にかかる時間は、オウムガイの仲間(オオベソオウムガイ)だと水温23〜24℃の場合で約10か月かかるという報告がある[※2]。

なぜ、これほど時間がかかるかといえば、オウムガイは幼生期をもたない生物だからだ。つまり、彼らはタマゴの中でじっくり時間をかけて育ち、オウムガイのカラダを手にしてからふ化するんだ。下の画像は2020年8月1日に鳥羽水族館でふ化したオオベソオウムガイのタマゴの写真。左が初期状態(実際の撮影日は4月1日)で、右がふ化直前(7月2日)のタマゴだ。タマゴの中で育ったオウムガイは、産卵から半年ほど経つとこのようにタマゴを破りながら成長するんだ。最終的にこのタマゴの個体も、直径約2.5cmのカラをもったオオベソオウムガイとして生まれてきたそうだ。

写真:鳥羽水族館提供

カラは自分でつくる

オウムガイはカラを自分自身で生み出す。カラの材料となるのは彼らのカラダを覆う外套膜という膜からしみ出した体液で、これには炭酸カルシウムが含まれている。カラをつくるとき、オウムガイはカラダの先を少しだけカラから引き出して、カラのフチに体液を分泌するんだ。それが時間をかけて固まっていくと、新たなカラになるんだね。

また、このとき、貝殻内部の仕切り(隔壁)も、隔室液という体液(浮力調整に使うカメラル液と同じもの)によってつくられる。引き出したカラダと隔壁の間を隔室液で満たして、新たな隔壁を生み出す。これによってカラが大きくなっても、オウムガイはカラに隠れてしまうことなく、常にカラの外に顔を出しておけるんだ。

アゴラナイト質のカラは二層構造で、外側はマットなオレンジ色のシマシマ、内側は白い虹彩になっている。このカラは圧力に強く、水深800mの未満水圧(水深800mの水圧は、小指の先に軽自動車がのしかかったくらいの圧力)までは耐えるとされる。とても頑丈なんだ。

カラづくりの様子
実際にカラをつくっているときの様子。カラダをカラから出して、後方を向いている。

※2……もりたき「オオベソオウムガイ卵?の近況」鳥羽水族館公式ウェブサイト https://aquarium.co.jp/diary/2020/07/46995 (2024年9月30日閲覧)

ホラーな見た目に似合わぬ平和主義者
コウモリダコ

「人は見かけによらない」というけれど、それは深海生物も同じ
ホラーな見た目だけど、実は弱いコウモリダコはその好例だ

DATA

コウモリダコ [コウモリダコ目コウモリダコ科]

体長	およそ15cm程度
食べ物	マリンスノーなど
水深	1000〜2000m
生息域	全世界の温帯・熱帯
レア度	★★★★☆

タコ・イカのご先祖様の生き残り!?

コウモリダコは、ジュラ紀（およそ2億〜1.4億年前）に栄えたタコとイカの共通祖先の特徴を色濃く残した生物だとされる。8本の腕の間は皮膜（マント）という薄い膜でつながっていて、脚を広げると傘やスカートのようなカタチになる。

その見た目ゆえに英語圏では吸血鬼イカ（Vampire Squid）と呼ばれるけど、実はその名に似合わずとても弱い生物。争いを避けるように、生物の少ない酸素極小層（OMZ）※1で一生を過ごしている。そのため、そもそも基本的に狩りをする生物ではなく、普段は海にふわふわ浮いていて、8本腕の間でコイル状に巻かれたフィラメント（触糸）をのばしてマリンスノー※2をからめとり、それをチュウチュウと吸って食べている。

触糸

主食はマリンスノー！

狩りはしない？
主食はマリンスノー。コウモリダコの胃袋からは魚のウロコやイカの一部も見つかったという報告もあるが、生きたエモノを採っているかはわからない。

コウモリダコの幼生

コウモリダコの幼生は最初は卵黄から栄養をとるが、卵黄を吸収しきると親と同じくマリンスノーを食べる。

※1……海水中にほとんど酸素がなく、多くの生物が生きられない層。水深約200〜1500mあたりで発生する。　※2……海に浮かぶ生物の残骸や代謝物（ウンチなど）といった細かい有機物の総称。

発光で敵をあざむく!

　コウモリダコは基本的に外敵の少ないOMZに引きこもっているものの、外敵に襲われることもある。事実、大型深海魚やクジラ、アシカなどの哺乳類の胃の中からコウモリダコが見つかることもあり、それなりに襲われているらしい。
　身を守る際、彼らは生物発光を使う。ヒレの基部に一対の発光器官をもっているほか、8本腕の先も光らせることができる。実はこのほかにも全身に発光器があると考えられるが、現在まで発光は確かめられていない（2024年9月現在）。

　外敵を前にすると、コウモリダコは発光器を同時に光らせて敵を惑わせる。さらに強い刺激を受けると（エネルギーコストが高いため、稀ではあるけど）腕の先からネバネバとした発光液を噴射することも報告されていて、これで敵の目をくらませると考えられている。さらに、この発光液は敵のカラダにまとわりつくので、敵を目立たせてべつの捕食者に襲わせる機能もあるとみられている（こうした生物発光の機能は盗難警報といってほかの生物にも見られる※3）。

※3……この本に掲載されている生物としては、P108のユメナマコなど。

ウラがえって胴体を隠す

　コウモリダコは危険を感じると、腕を持ち上げてマントの中に隠れるような防御姿勢をとることもある。マントをめくり上げ、ひっくり返ってしまうのだ。腕の裏に並ぶトゲを誇示するように丸くなった姿勢は、その見た目からパイナップルあるいはパンプキンなどと呼ばれる。
　しかし、実はこの姿勢の意味はわかっていない。というのも、腕のウラに並ぶトゲは実は肉質の触毛で、見た目に反してやわらかい。おまけに、マントのせいで視界は失われるし、泳ぐこともできなくなる。つまり、この姿勢でどのようにして敵を撃退したり、敵の攻撃をためらわせたり、敵からの逃走を助けるのかがわからないんだ。
　仮説としては、色素の濃いマントのウラ側で身を隠しているという説、光る腕を密集させることで敵の攻撃を再生可能な腕の先に誘導しているという説、単に弱点の胴体を守っているだけという説などが挙げられる。しかし、そのどれもたしかな根拠はなく、この問題にはハッキリとした答えは出ていない。

コウモリダコのウラ側
コウモリダコのウラ側のスケッチ。トゲが並ぶが、見た目に反して攻撃力はない。（Ewald Heinrich Rübsaamen/1910）

写真:Nature Picture Library/アフロ

身を隠すのが得意な透明イカ
ホウズキイカ

DATA

ホウズキイカ [開眼目サメハダホウズキイカ科]

- **体長** | およそ15cm程度
- **食べ物** | 小型魚類や小型甲殻類など
- **水深** | 0～1000m
- **生息域** | 世界中の温帯・熱帯
- **レア度** | ★★★☆☆

眼と内臓以外は透明!

　ホウズキイカの仲間は、英語圏ではガラスのイカ（Glass squid）とも呼ばれる。その英名のとおり、ホウズキイカはガラスのように透明なカラダをもち、海中ではほとんどその姿が見えない。彼らは水深1000mまでの海に生息していて、深海のなかでもわずかな光が届く環境にいる。そのため透明なカラダで敵の眼を騙しているんだ。

　ただし、いくら透明にしても眼のごくわずかな部分と内臓の消化腺だけは透明にできない。そこでホウズキイカの消化腺は、常に海底に対して垂直（90度。一般的なタテ方向）になるようにできているんだ。これによりホウズキイカは自分の下に落ちるカゲを最も小さくおさえて、ほかの生物に見つかりにくくしているんだね。

消化腺は常にタテを向く
カゲをなるべく小さくするため、消化腺は常にタテを向く。

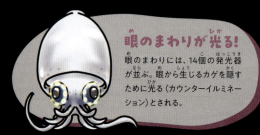

眼のまわりが光る!
眼のまわりには、14個の発光器が並ぶ。眼から生じるカゲを隠すために光る（カウンターイルミネーション）とされる。

食卓でもおなじみの発光イカ
ホタルイカ

DATA

ホタルイカ[開眼目ホタルイカモドキ科]

- 体長 ｜ およそ7cm程度
- 食べ物 ｜ 魚類、カイアシ類、端脚類、オキアミ類など
- 水深 ｜ 30〜600m（日中は水深200〜600m）
- 生息域 ｜ オホーツク海以南の山陰沖、土佐湾
- レア度 ｜ ★☆☆☆☆

緑と青の発光を使い分ける!

ホタルイカは腕、眼、皮膚にそれぞれ発光器をもち、これらにはそれぞれ異なる役割がある。

腕の発光器は、彼らが危険を感じたときに瞬間的に発光させる[※1]ことから、光をオトリにして逃げるためのものと考えられる。一方、眼の発光は成体には見られず、稚イカ時代に目のカゲを隠す目的で使われるものという説がある。

皮膚発光は自身のカゲを隠すカウンターイルミネーションだけど、特徴的なのが発光器に青色と緑色の2種類があることだ[※2]。ホタルイカは水温によって両者を点灯させる割合を変えているらしい。緑色の光も届く浅い海（高温）では緑をより多く、深い海（低温）には緑色が届かないので青色を多く光らせて周囲に溶け込むという[※3]。

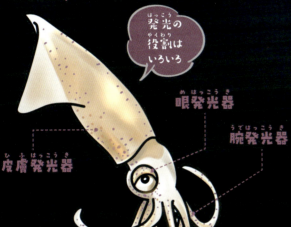

発光の役割はいろいろ

皮膚発光器　眼発光器　腕発光器

ホタルイカの身投げ

3〜5月ごろ、富山県の八重津などではホタルイカが波打ち際に大量に打ち上げられる。一説には、産卵にきたメスが方向感覚を失うためといわれる。

※1……ちなみに、光を消すときには、黒い色素で発光器を覆って消す。　※2……緑色の発光は全体の15％程度だという。　※3……鬼頭 勇次、清道正嗣、成田欣弥ほか「ホタルイカにとっての三原則」日経サイエンス:22（1992）水深によって届く光が違うことについてはP11を参照／参考：大場裕一「世界の発光生物　分類・生態・発光のメカニズム」（名古屋大学出版会）／鬼頭 勇次、清道正嗣、成田欣弥ほか「ホタルイカにとっての三原則」日経サイエンス:22（1992）

写真:Nature Picture Library/アフロ

COLUMN もっと知りたい ⑤
深海の栄養源

太陽光の届かない深海では光合成ができず
そこに生きる生物は自ら栄養を生み出すことは基本としてできない
では、深海にはどのようにして栄養が行き届くのだろうか？

深海に栄養源を送る

　地球上の栄養源の大部分は、**太陽エネルギー**をもとにしている。陸上では植物が太陽光を使って水と二酸化炭素から糖やデンプンを生み出し、酸素を生み出す（光合成）。その植物を草食動物が食べてそのエネルギーを吸収し、肉食動物はさらにその草食動物を食べて彼らのエネルギーを取り込んでいる。人類を含めた陸上生物の栄養の大部分は、元をたどれば太陽エネルギーによってもたらされたものなんだ。
　このことは、基本的には海の生物についても同じだ。海では植物プランクトンが**光合成**をおこない、それを動物プランクトンや小型魚類が食べて、さらにより大きな生物や哺乳類がまた食べる。このような**食物連鎖**を通じて、栄養は多くの生物に行き渡る。もちろん、熱水噴出孔のような例外もあるけど、大部分において海の栄養は太陽エネルギーがその起源ということができる。
　そして、太陽光があたる表層から大きく離れた**深海**においても、これは例外ではない。

海底にいる センジュナマコ
深海底を歩くセンジュナマコは、深海底の泥に含まれるデトリタスを食べて生きている。この写真に写る白い粒はマリンスノーで、デトリタスの一種だ。

©JAMSTEC

マリンスノー

　マリンスノーとは、プランクトンを始めとする生物の死骸やウンチ、脱皮殻などが混ざり合って雪のようになった小さな物体だ。深海の映像を見ていると、海中にたくさん白い雪の粒のようなものが浮かんでいるのがわかる。あれがマリンスノーだ。植物プランクトンの光合成によって生産（基礎生産）された栄養やほかの生命活動に必要な物質（有機物）はマリンスノーを通じて海の表層から深海に届けられる。これが深海の生物にとっての貴重な生命活動の源になっているんだね。

　しかし、死骸にしろウンチにしろ、すべては生物がそれぞれに生命活動をしたうえで、ようやく発生する残りカスのようなものだ。要はおこぼれなのだ。さらに、マリンスノーは深海に届くまでの間に、海に溶け出したり、浅海の生物に食べられて消費されたりもする。そのため、深海に届くマリンスノーに含まれる有機物の量は、基礎生産された量の1％未満にまで減ってしまう。

海の生物の死骸

　海で生物が死ぬと、その死骸はほかの生物のエサになる。その多くは浅海で食べられて消費されてしまうものの、クジラやアシカのような大きな生物の死骸は浅海では消費されきらず深海に沈んで届くこともある。

　たとえば、地球上で最も大きな動物シロナガスクジラの体重は約80～200トン近くとされており、そのカラダにはとんでもない量の有機物が含まれる。彼らの死骸が深海に沈むことで、深海のごく狭い範囲の有機物量が爆発的に増える。その死骸によって、鯨骨生物群集という独特の生物群集が生まれるんだ。

　クジラが深海に提供するのは、有機物だけではない。日本でかつて鯨油※1が日用品として使われていたように、彼らの体内には大量のアブラが含まれる。彼らの死骸からアブラなどがしみ出ると、これを微生物が分解することで硫化水素が発生する。この硫化水素は化学合成細菌と共生する生物たちの間接的なエネルギー源となるんだ。

日周鉛直移動

　少なくない深海生物は比較的安全な夜にだけエサの豊富な表層にいて、昼は捕食者から逃れるなどの理由で深海に移動する。こうした現象を日周鉛直移動といい、昼夜の区別がつく水深1000mより浅い海の生物に見られる。

　たとえば、P63で紹介したハダカイワシの仲間であるトドハダカは、昼間は水深200～400mにいるけど、夜には水深50～200mに移動する。その移動距離は体長の2900倍。日本の成人男性（170cm）にたとえると4900mで、富士山の標高の約1.4倍の距離を泳いで移動しているようなイメージだ。

　また、夜に表層でエサを食べた生物は、昼に深海に移動することで深海に栄養をもたらす。彼らは深海で代謝をして海水に有機物を排出したり、ほかの深海生物に食べられたり、死後にバクテリアに分解されたりするからだ。つまり、日周鉛直移動には、表層の有機物を深海に運ぶ輸送の役割もあるんだね。

溶存有機物

　ここまでマリンスノーや生物（とその死骸）によってもたらされる有機物について説明したけど、実際に海にある有機物のなかには海水中に完全に溶け込んでいるものもある。溶存有機物といわれるものがそれで、これはフィルターでろ過できないレベルで海水に溶け込んだ有機物を指す。

　溶存有機物は動物や植物から排出あるいは滲み出ることで発生する。そのほとんどが生物が直接消費できない難分解性の物質とされるけど、一部はアミノ酸やビタミン、糖類といった形で存在しており、これらについてはバクテリアにも利用できるものだと考えられる。

　重力の影響で海には密度の異なる海水の層ができていて、普通は表層の海水がより深い層に潜り込むことはない。ただし、例外的（たとえば冬に表面海水が冷えて密度が増して沈み込む場合など）には表層の海水が深い層に潜りこむことがあり、このときに溶存有機物も一緒に運ばれていると考えられる。

※1……クジラのアブラのこと。灯油や機械油、マーガリンの材料などに使われた。

～第6章～
そのほかの生物
刺胞動物・有櫛動物・棘皮動物・無顎類

シンカイウリクラゲ
⇒P113
癒し系と思いきや
仲間を丸呑み!?

この章で紹介する生物（一部）

**ダーリア
イソギンチャク**
⇒P110
イソギンチャクなのに
海底をローリング!?

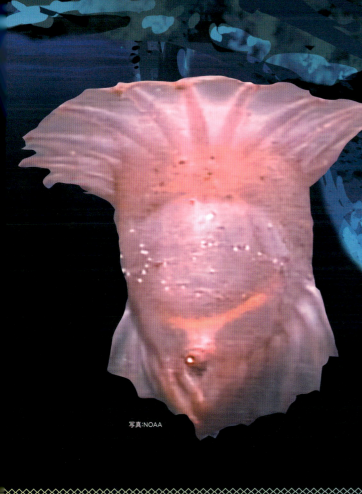

ユメナマコ
⇒P108
ナマコなのに浮いて移動!?

写真:NOAA

ここまでの分類には
登場しなかった
生物たち

ここまでいろいろな生物を紹介してきたが、まだまだ取り上げられていない生物もいる。ここからは残ったグループのなかから、いくつかの深海生物を取り上げてそのユニークな生態を紹介していこう。

ヌタウナギ
⇒P115
ネバネバの粘液でサメをも撃退!?

| 第6章 | そのほかの生物 107

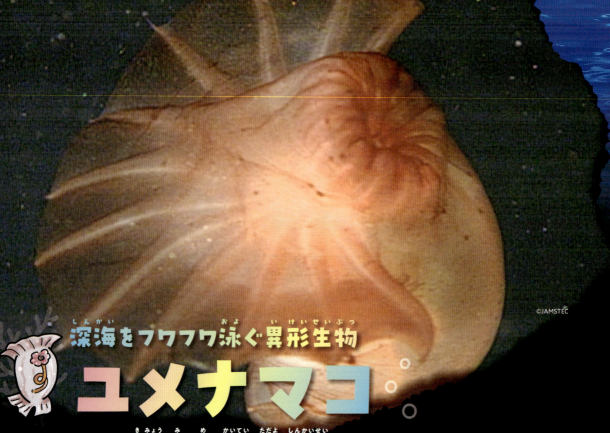

深海をフワフワ泳ぐ異形生物
ユメナマコ

モンスターみたいな奇妙な見た目で海底を漂う深海性ナマコ
しかし、彼らは海底の生態系に重要な役割をもっていた…!?

DATA

ユメナマコ [板足目・クラゲナマコ科]

体長	およそ20cm程度
食べ物	海底の泥に含まれる有機物など
水深	300~7000m
生息域	世界中の温帯・熱帯
レア度	★★★☆☆

頭を落とされたチキンのモンスター？

　ユメナマコは深海の海底に生息するナマコだ。ナマコというと海底に転がっているイメージだけど、ユメナマコは海底近くをフワフワと浮いて過ごす。彼らは"泳ぐナマコ"なんだ。

　半透明のカラダは、若い個体はピンクで成長につれてワインレッドに変化していく。その質感はゼラチン状で、水分を多く含んでいる。これにより中性浮力（浮きも沈みもしないバランス状態の浮力）を得ていて、水流とヒレを利用して海のなかを浮遊しているんだ。海底に降りるのは食事のときだけで、それ以外は基本的に浮いている。

　その異様な姿が頭を落とされた鶏肉と似ていることから、頭を落とされたチキンのモンスター（Headless Chicken Monster）とも呼ばれる。

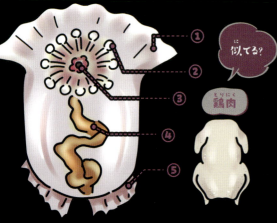

①ヒレ（頭）：大きな水かきのようなヒレ。海水中で浮くときや、前に進んだりするときに役立つ。②口触手：20本ある触手。この触手で海底の泥をかき集めて食べる。③クチ：クチは、口触手の中心にある。④体皮：透明な赤色の体皮は、S字型の腸も見える。生物発光もする。⑤ヒレ（尻）：水かきのついたヒレ。頭のヒレと一緒に使う。

海底を這ってエサをとる

ユメナマコのエサは、海底に降り積もった砂泥に含まれるデトリタス（マリンスノーなど）。海底に降り立った彼らはクチのまわりにある口触手も使いながら、周囲のデトリタスを砂泥ごとクチにかきこんでいく。食事にはおよそ1分ほどしかかからない。

ここで強調すべきは、彼らは飛び立つ前にカラダの重みを減らすためにウンチも済ませていくことだ。彼らのウンチはデトリタスの減った砂泥のかたまりで、空気も含んでいて土質がいい。

しかも、彼らは食事後に長距離を移動してからウンチするので、砂泥を輸送して広い海底をかき混ぜるような役割も果たす。彼らの食事とウンチには、キレイで栄養を含んだ砂泥をいろいろなところに行き渡らせる役割もあるのかもしれないね。

1分くらいで砂泥をかきこむ！

ズズズズズ

発光する皮をオトリにする？

ユメナマコを捕獲するときに、トロール網などを使用すると皮がボロボロに剥がれて傷だらけになってしまう。彼らは非常に脆い生物だけど、実はその脆さは防御機能でもある。脆いのに防御に役立つというのは、どういうことだろう？

ユメナマコの皮には発光器があって、刺激を受けると発光する。この皮は部分的な刺激を受けると、まず部分的に光る特徴をもつ[※1]。これが剥がれやすい性質と合わさり、防御機能となる。

外敵から攻撃を受けると、当然ながら彼らの光る皮は剥がれ落ちる。フワフワ漂う光る皮は敵の注意をひくので、ユメナマコはそのスキをついて逃げるんだ。ちなみに、ユメナマコの皮はすぐに再生するので、オトリには最適だという。

発光する体皮はカンタンには剥がれる

ユメナマコの泳ぎのプロセス

ユメナマコは、水流とヒレの動きを利用して泳ぐ。でも、特殊なフォルムをもつ彼らはどう泳ぐのだろう？ 具体的なプロセスは次のとおり[※2]。

まずお尻側のヒレで上向きに水をかき、カラダを持ち上げて離陸する。その後、頭側のヒレで大きく水をかいて、浮上を始める。浮上中は頭のヒレを後ろに流し、お尻側のヒレでバタ足をおこなうことで上昇していく。そして、海底から2〜5m程度の高さに達すると、ユメナマコはホバリングを始める。頭を上に向けた状態で、海底に対して垂直の姿勢を保つ。このまま頭とお尻のヒレをゆっくりと波打たせて浮遊するんだ。

逆に海底に降りるときは、頭のヒレを上向きにしてゆっくり降下する。その後、頭のヒレを前方に折りたたみ、お尻のヒレを背側に向けて着陸態勢に入る。海底が近づくと頭のヒレを再び広げて、カラダを海底と並行させる。そして、海底を滑るように着陸しながら、お尻付近の管足をフックのようにしてブレーキをかける。最後には、口触手でカラダを支えて着陸するんだ。

※1……Miller,J.E, Pawson D,L「Swimming Sea Cucumbers (Echinodermata: Holothuroidea): A Survey, with Analysis of Swimming Behavior in Four Bathyal Species」Smithonian Contributions To The Marine Sciences:35 (1990)　※2……太田秀「Photographic observations of the swimming behavior of the deep-sea pelagothuriid holothurian Enypniastes」Journal oh the Oceanographical Society of Japan:41 (1985)

第6章｜そのほかの生物

ウミグモたちのおやつスポット……？
ダーリアイソギンチャク

DATA
ダーリアイソギンチャク
[イソギンチャク目・ダーリアイソギンチャク科]

体長	およそ30cm程度
食べ物	小型の魚類、小型の甲殻類、動物性プランクトンなど
水深	300〜1000m
生息域	北東太平洋
レア度	★☆☆☆☆

転がりながら移動する

　ダーリアイソギンチャクは、たくさんの短い触手に覆われた深海性のイソギンチャクだ。これらの触手でプランクトンや小型甲殻類、死骸やマリンスノーなどをとらえて食べている。

　イソギンチャクは岩の上などに定着するイメージがあるけど、実は移動する生物でもある。素早く移動できる種もあり、ダーリアイソギンチャクもそのひとつ。彼らは西部劇に出てくるタンブルウィード※1のように海底をコロコロと転がって、よりエサの多い環境に向けて移動できる。

　ダーリアイソギンチャクには、海底の生物には隠れ家や栄養を与える役割もある。特にウミグモが彼らの触手から体液を吸い、栄養補給する姿は多く目撃されている。

コロコロコロ〜　水流
チューチュー
栄養補給
ウミグモ

ウミグモ
海底に棲む節足動物。クモに似ているが、クモではない。

※1……風に吹かれて転がっている球状の枯れ草のこと。西部劇によく出てくる。

植物っぽいけど実はクモヒトデ
オキノテヅルモヅル

小枝のような腕をクネクネ動かす

オキノテヅルモヅルは一見すると細かい枝に分かれた植物のようにも見えるけど、れっきとした深海生物だ。クモヒトデの仲間で、モジャモジャのツルも元をたどると実はたった5本の腕からなっている。5本の腕がそれぞれ10回以上は枝分かれすることで、こんな見た目になるんだ。

昼間は海綿のヒダなどに隠れていて、天敵の魚やカニから逃れている。そして、夜になると腕を使って高台に移動し、水流に対して垂直になるように腕をのばす。この腕を網のようにしてエモノ（カイアシ類や小型甲殻類など）を引っかけて、粘液で動けなくしてしまう。そして、さらに腕を巻き付けて自由を奪うと、最後には中央にある彼らのクチに運んで食べてしまうんだ。

DATA
オキノテヅルモヅル [ツルクモヒトデ目・テヅルモヅル科]

体長	およそ20cm程度
食べ物	プランクトン/小型の甲殻類/有機物など
水深	100～1500m
生息域	日本海、駿河湾、北海道太平洋沖・北極・北米北西部など
レア度	★★★☆☆

クネクネ

オキアミ

こう見えて腕は5本！

ミゾがない！

ヒトデは腕にミゾがある

オキノテヅルモヅルはクモヒトデの仲間。クモヒトデはヒトデと似ているけど別の生物で、腕にミゾがないなどのちがいがある。

第6章 そのほかの生物　111

監修の石垣先生によると、カムリクラゲの仲間の色素は自然光に照らされると毒素に変化し、ひどい場合には死んでしまうという。

ネオンのように動く光を操る
ムラサキカムリクラゲ

DATA
ムラサキカムリクラゲ
[カムリクラゲ目・ヒラタカムリクラゲ科]

体長	およそ30cm程度
食べ物	小型の甲殻類・プランクトン
水深	500〜1500m
生息域	太平洋・大西洋・インド洋・南大洋
レア度	★★★☆☆

大型捕食者を呼び寄せる光

　ムラサキカムリクラゲは生物発光する深海クラゲだ。赤色のカラダで普段は深海の闇に溶け込んで、のばした触手にたまたま引っかかったエモノをとらえて生きている。
　彼らが発光するのは、外敵の攻撃を受けたときだ。危険を感じると、彼らは青い光を傘のまわりを走るようにグルグルと回転させ、周囲に防犯警報を放つ。このネオンのような回転発光によって大型捕食者を引き寄せ、逆に外敵を襲わせると考えられているんだ。
　実際、この回転発光を模した装置E-Jelly（下図）を使った観察では、光に誘われたダイオウイカがE-Jellyではなく隣のカメラを捕食しようとするような動きが確認されているという※1。

襲われたらもっと強いヤツを出す

E-Jelly
海洋調査保護協会（ORCA）のエディス・ウィダー博士が開発した発光装置。ムラサキカムリクラゲの発光パターンを再現した光を放ち、ダイオウイカなどの大型生物を呼び寄せる。

※1……出典:Edith Widder「How we found the giant squid」(TED/2013)

仲間を丸呑みにする!?
シンカイウリクラゲ

DATA
シンカイウリクラゲ ［ウリクラゲ目・ウリクラゲ科］

- 体長　｜およそ〜7cm程度
- 食べ物｜クシクラゲ類
- 水深　｜150〜750m
- 生息域｜北太平洋
- レア度｜★★☆☆☆

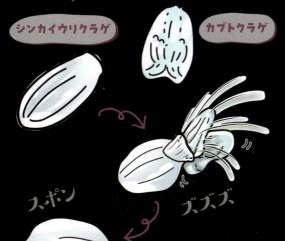

実はクラゲではない!?

　シンカイウリクラゲは、クラゲではなくクシクラゲの仲間。クシクラゲはクラゲのように毒針をもたず、細かい繊毛が集まった櫛板を波打たせて移動するなどの特徴をもつ。

　見た目に反してシンカイウリクラゲは狩りをする生物で、エモノを探して常に泳ぎ続ける。彼らが食べるのは自分と同じ有櫛動物の仲間で、クチのまわりでエモノを感知すると反射的にクチを大きく開けて丸呑みにする。彼らのクチの中には大きな繊毛があって、これを歯のようにしてエモノを閉じ込めたり、ゼラチン状の組織を切り裂いて食べてしまうんだ。

　ちなみに、水族館などでは彼らの櫛板が虹色にキラめいて見えることがあるけど、これは生物発光ではなく単に周囲の光を反射しているだけだ。ただし、シンカイウリクラゲが発光しないというわけではなく、彼らを含むクシクラゲの仲間の多くは生物発光する。にもかかわらず、一部を除いてその発光の目的はわかっておらず、シンカイウリクラゲもなぜ光るかはハッキリしていない。

> キラキラ光って見えるのは、櫛板とよばれる毛が列をなして並んだ部分。この毛を波立たせて泳ぐ。

|第6章｜そのほかの生物　113

釣りをするウサギの耳!? コトクラゲ

DATA コトクラゲ [クシヒラムシ目・コトクラゲ科]
- 体長：およそ15cm程度
- 食べ物：プランクトンなど
- 水深：70～300m
- 生息域：日本近海
- レア度：★★☆☆☆

©JAMSTEC

ウミウシと間違えられていた!?

コトクラゲはクシクラゲの仲間で、海底のサンゴや岩などにくっついて生きている。1896年の発見時にはなんの生物かがわからず※1当時はウミウシの仲間とされていたけど、1941年に昭和天皇が発見・採集して現在の分類に落ちついた。

ウサギの耳にたとえられるカラダの先端にはミゾがあり、彼らはそこから粘液つきの触手をのばして釣りのように待ち伏せをおこなう。そして、潮に流されてきたプランクトンがその触手にくっ

※1……当時はカラダの欠けた不完全な標本をもとに研究されていた。

つくと、スルスルと触手を自分のほうにたぐり寄せる。エサは触手とともにミゾの内部におさまっていき、最終的にはその奥にある胃に落とされる。

カニを抱っこして歩く海のブタ!? センジュナマコ

DATA センジュナマコ [板足目・クマナマコ科]
- 体長：およそ8cm程度
- 食べ物：泥の中の有機物
- 水深：およそ600～6000m
- 生息域：世界中の深海
- レア度：★☆☆☆☆

共生の理由はハッキリしていない

センジュナマコは、深海底を歩くナマコだ。そのフォルムから英語圏では海のブタ(sea pig)とも呼ばれる。のび縮みさせられる管足を脚のように使って海底を歩き、砂泥の中にいる微生物や死骸、デトリタスなどを食べる。

彼らの奇妙な生態としては、彼らが幼いタラバガニの仲間を腹側にしがみつかせ、外敵から庇う行動を見せることが挙げられる※2。しかし、なぜセンジュナマコは黙ってカニを庇っているのだろ

うか？ 彼らは見返りにカニに寄生虫を食べてもらっているという予想もあるけど、あくまで仮説に過ぎず。その真相は謎に包まれているんだ。

ヒッチハイクさせてる?

クチを開けてエサを待つ!? オオグチボヤ

オオグチボヤ [マメボヤ目・オオグチボヤ科]

DATA
- 体長：およそ10〜25cm程度
- 食べ物：小型の甲殻類、プランクトンなど
- 水深：300〜1000m
- 生息域：佐渡沖・相模湾・富山湾・アメリカ大陸沿岸部
- レア度：★★★☆☆

写真：Minden Pictures／アフロ

クチを開けて待ち続けるホヤ

オオグチボヤは海底の岩などにくっついて生息するホヤの仲間だ。大きなクチのように見えるものは入水孔で、栄養の乏しい深海ではより多くの海水を取り入れないと生きられないために大きくなったという仮説がある。

彼らはまさにクチを開けて待つ生物だ。入水孔を潮の上流に向けて、流されてきた生物を海水ごと飲み込んで生きている。ホヤは一般に海水中の栄養分やプランクトンを濾して食べるけど、オオグチボヤは少しちがう。彼らは入水孔を閉じて、動き回る小型甲殻類のようなエサも捕食できるんだ。このことから彼らは肉食性のホヤともいわれる。

死肉をむさぼるヌメヌメ悪魔 ヌタウナギ

ヌタウナギ [ヌタウナギ目ヌタウナギ科]

DATA
- 体長：およそ〜60cm
- 食べ物：生物の死骸
- 水深：〜270m
- 生息域：北西太平洋（日本海および東日本〜台湾）
- レア度：★☆☆☆☆

カラダに入り込んで内側から……

ヌタウナギは鋭い嗅覚で海底に沈んだ死体を見つけ、それを食べる。彼らの舌にはナイフのような歯が並び、それで死体の肉を削り取る。アゴがない彼らは自身のカラダをうねらせて肉をねじ切り、体内に入り込んで中身をむさぼるんだ。

一方、ヌタウナギは外敵に襲われると、カラダにあるヌタ腺からヌメヌメの粘液を出す。この粘液はタンパク質でできていて、海水に混ざるとスライムのように固まる。これを利用して外敵を縛ったり、エラをふさいで窒息死に追い込んで身を守るんだ。その粘液は強力で、自分よりも大きいサメを撃退した例もある。

サメすらも撃退!?

ヌタウナギは噛みつかれるとクチのなかに粘液を流し込んで吐かせるか、クチをさるぐつわのようにして固定することで対抗。この方法でサメすらも追い払える。

第6章 そのほかの生物

COLUMN もっと知りたい ⑥
深海のトッププレデター

深海調査の生態系を調べるうえで
深海のトッププレデターを調べることはとても重要だと考えられている
それはなぜなのだろうか?

水深2000mのトッププレデター

　ヨコヅナイワシは全長120〜250cm程度の巨体をもつ深海魚だ。彼らの属するセキトリイワシ科の魚としては最大であることから、大相撲の最高位・横綱の名前が与えられた。水深2000mを超える水深にいる硬骨魚類としては世界最大で(2024年9月現在)で、駿河湾のその水深における**トッププレデター(頂点捕食者)**だと考えられている。

　トッププレデターとは、食物連鎖において誰からも食べられることなく、一方的にほかの生物を食べている捕食者のこと。サバンナのライオン、イエローストーン国立公園のハイイロオオカミ、海の生物としては浅海のシャチなどがそれに当てはまる。

　駿河湾の深海の生態系を解き明かすためには、トッププレデターであるヨコヅナイワシのさらなる生態の解明に注目が集まっている。

なぜトッププレデターが重要?

　なぜトッププレデターが重要なのか? それは頂点捕食者は個体数が少ない一方で、**生態系への影響**がとても大きいからだ。

ヨコヅナイワシ

駿河湾などで発見されたヨコヅナイワシ。水深2000m以深に生息する世界最大の硬骨魚類とされ、その生息域におけるトッププレデターではないかと考えられている。

©JAMSTEC

最も有名な例としては、アメリカのイエローストーン国立公園の事例が挙げられる。1926年に、この地域に生息していたハイイロオオカミが絶滅すると、彼らに食べられていたアメリカアカシカのような**草食動物が増えすぎてしまった**。アメリカアカシカは地域の植物を食べつくし、結果として同地域の森や河川が荒れ、生物の多様性が失われるという**連鎖的な被害**が起きた。

しかし、ハイイロオオカミを人為的に再導入したところ、地域の植物・生物の多様性が回復し、元の生態系を取り戻すことができた。トッププレデターが生態系全体をコントロールしたんだね。だから、生態系を理解するには、頂点捕食者を知ることがまず重要になるということだ。

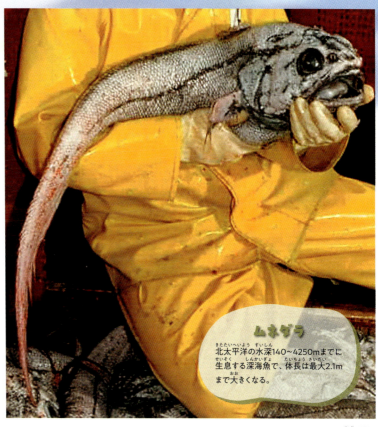

ムネダラ
北太平洋の水深140~4250mまでに生息する深海魚で、体長は最大2.1mまで大きくなる。

出典:NOAA

水深によって変わる頂点

しかし、これはあくまで水深2000mの深海の話だ。水深によって生息する生物が異なるということは、当然トッププレデターも変わる。

たとえば、駿河湾の例でも有光層である水深1000mまでは**サメがトッププレデター**だけど、サメを含む軟骨魚類は水深が深くなるほど数を減らす。水深2000mにもなると硬骨魚類である**ヨコヅナイワシ**が、トッププレデターに君臨するんだ。

ただし、より深い海で生きられるからといって、ヨコヅナイワシがサメよりも優れているわけではない。たとえば、ヨコヅナイワシがなんらかの理由で水深200m程度の海まで浮上できたとして、ホオジロザメと同じように頂点捕食者の地位に立てるかというとそれは考えにくい。彼らは**深海に適応するために**ブヨブヨの水っぽい筋肉を獲得していて、とても浅海の覇者に太刀打ちできるような肉体を持ち合わせていないからだ。

未知のトッププレデターもいる？

水深2000mの頂点捕食者は、ヨコヅナイワシだけではない。もう1匹の(深海固有の)頂点捕食者としてわかっている(2024年9月現在)のが、北太平洋に生息する**ムネダラ**だ。

ムネダラは全長2.1mまで成長するといわれる大型の魚で、ガラガラヘビに似た長くトガった尻尾が特徴だ。北日本にも生息していて、より南に生息するヨコヅナイワシとは生息地がほとんど重なっていない。

では、この2匹だけが深海2000mの頂点捕食者なのかといえば、おそらくそうではないはずだ。人類は水深1万mを超える深海にまで到達しているものの、そのすべてを隈なく調べ尽くしているわけではない。いまだに新種の生物が見つかっていることからもわかるとおり、まだ深海のどこかに未知のトッププレデターが潜んでいる可能性は高いと考えていいだろう。

参考:福田伊佐央「〜深海生態系のナゾに挑むvol.1」JAMSTEC BASE https://www.jamstec.go.jp/j/pr/topics/explore-20220817/(2024.09.30閲覧)/JAMSTEC『ヨコヅナイワシが2000m以深に棲息する世界最大の深海性硬骨魚類であることを明らかに』JAMSTEC公式ウェブサイト https://www.jamstec.go.jp/j/about/press_release/20220701/(2024.09.30閲覧)

巻末付録 深海を調べる①
深海生物の採集

わたしたちが深海やそこに棲む生物を知って楽しむことができるのは
日々、深海を調査して研究している人たちの努力のおかげだ
ここではそうした人々の活動のなかから、深海の採集現場について学んでいこう

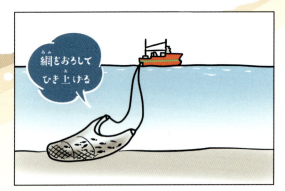

🌿 トロールによる採集 🌿

トロール漁では、まず長いロープのついた網（トロール網）を深海に沈めたうえで、引っ張りながら船を進める。そして、その地点にいる魚を網でからめとり、一気に引き揚げる方法だ。生物へのダメージは大きく、引き揚げられたときにはその多くが死んでしまうという欠点がある。

一方で、豊富な種類の生物を数多く採集できるトロールに代わる方法は今のところなく、深海生物を研究するうえでは最も一般的かつ欠かせない方法でもある。そのため研究者や水族館スタッフが同乗することでなるべく生物を生かして採集する努力をしながらおこなっている。

引き揚げられた魚は素早く水槽へ
引き揚げられた網から研究対象の深海生物をいち早く見つけ出し、船上の水槽に移すことで生きたまま採集する。

🌿 採集中に死んだ深海生物はどうする？ 🌿

採集中に死んでしまった深海生物は、採れた地点と分類群ごとに分けて研究室に送られる（①）。研究室ではさらに種ごとに分け（②）たうえで、個体ごと（あるいは同じ種の複数の個体ごと）に番号をつけて、採集場所などのデータをパソコンに登録する（③）。そして、あらためてホルマリンに漬けて保存（④）した後で、世界中の図鑑や論文などからどの種の生物の特徴が一致するかを調べる「同定」をおこなうんだ（⑤）。

① 生物を仕分けて持ち帰る
② 種ごとに分ける
③ データを登録する
④ 標本として整理する
⑤ 同定する

探査機によるサンプル採取

遠隔無人潜水機（ROV）や自立型潜水調査機（AUV）などを深海に潜らせて、目標とする生物に接近してサンプルを採集する方法もある。一度に採れる数は少ないが、個体ごとに選んで採ることができるので、トロールのように無関係な生物を巻き添えにする必要がなく生態系へのダメージが少ない。さらには、スラープガンを使えば生物をケガさせずに採集できるなど、メリットはとても大きい。

ただし、ROVなどの機材は非常に高価なので使える研究機関は限られ、主流な方法ではない。

海のなかで活動中のROV
ROVが海のなかで活動しているところ。写真のROVは、NOAA（アメリカ海洋大気庁）の「ディープ・ディスカバラー」。

ROVを見てみよう！

NOAAのROV DEEP DISCOVERER 「ディープ・ディスカバラー」

マニピュレーターアーム
生物・地質・考古学的なサンプルを集めるためのアーム。関節が細かく分かれていて細かい動きができる。

採集用のカゴ
アームで採集した生物標本や地質サンプルを保管して、地上の研究者に届けるためのカゴ。

LEDライト
ハイパワーのLEDライト。深海を明るく照らすだけでなく、カメラでくっきりとした写真やビデオを撮影する際の照明にもなる。

カメラ
異なる角度に向けられた複数のカメラ。写真や高解像度のビデオを研究者たちに送信できる。

マニピュレーターアーム
マニピュレーターアームの先はマジックハンドのようになっており、開け閉めすることで簡単な採集ができる。採集に細かい動きを必要としない生物であれば、そのまま採取できる。

スラープガン
サンプルを吸い込んで採集できる吸引装置。ケガをさせずに採集することができるけど、吸いこめるサイズには限界がある。

プッシュコアラー
深海底の泥を採集する装置。泥の中には微生物もいるので、それを調べるためにも使われる。

写真出典：NOAA

巻末付録｜深海を調べる

巻末付録 **深海を調べる②**

組織透明化（透明標本）

前のページで標本製作について取り上げたけど、標本には組織透明化を施した標本（透明標本）もある。生物のカラダを透明にすることで、生物の研究にどのようなメリットがあるのだろうか？

監修：武井史郎（中部大学）

生物のカラダを透明にする

魚のカラダを光に透かして見ても、それは透明には見えない。これは途中で光が吸収されたり、散らばって（散乱して）しまうからだ。逆に光が吸収も散乱もされず、まっすぐ進めるようにできれば、魚も透明になるということだ。

たとえば、光を吸収する原因となる物質（血の色を生むヘムなど）や、散乱の原因となる物質（アブラ）を有機溶剤やアルカリ溶剤で取り除いてしまう。そして、最後に体内の水をグリセリンと置き換えれば、魚のカラダは透明になる。

ちなみに、透明化の技術は19世紀後半にドイツの解剖学者ヴェルナー・シュパルテホルツ博士が発明して以来、さまざまな方法が確立されている[※1]。ここでは水溶性試薬を使う方法のひとつCUBIC法[※2]をベースに説明している。

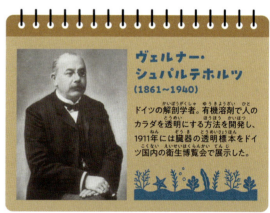

ヴェルナー・シュパルテホルツ
（1861〜1940）

ドイツの解剖学者。有機溶剤で人のカラダを透明にする方法を開発し、1911年には臓器の透明標本をドイツ国内の衛生博覧会で展示した。

コンゴウフグを透明化した標本。硬い外骨格を残しつつ脳や耳石などが観察できる。

カラダの中を"見える化"できる！

いうまでもなく、ほとんどの生物のカラダのなかはフツウは見えない。通常の標本でもその外見的なカタチを調べるのには十分だけど、体内を調べたい場合には解剖などが必要となる。

一方で、透明標本を用いれば、解剖や解体によって標本自体を傷つけることなく、生物のカラダを透視するように内部を観察できる。

実際、このページの監修をしていただいている武井史郎先生はCUBIC法で幅広い魚類を透明化し、研究に利用している。神経のような複雑な構造を傷つけることなく立体的に観察したり、生物が飲み込んだプラスチック片などを観察するといった目的に使われているんだ。

このように透明標本をこれまでの研究に応用すれば、将来的には生物のカラダの構造と動作の関係をより深く理解したり、海洋プラスチック汚染の研究に応用できる可能性があるんだ。

シイラの透明標本。呑み込んだプラスチックの糸が確認できる。

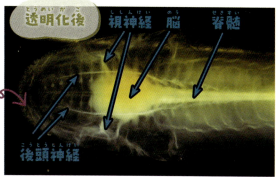

クロコバンを透明化した標本。脳や神経などが確認できる。

展示・鑑賞・グッズ用途にも！

透明標本は、研究目的での利用価値のほかに、見た目の美しさという特徴もあるため、透明標本は展示やアートの分野にも応用されている。たとえば、静岡県の幼魚水族館[※3]では生きた生物のほかに透明標本の展示もおこなうほか、ホンモノの透明標本を組み込んだボールペンのような商品も開発している。このほかにも、近年では透明標本を鑑賞用に販売する作家も次々に登場していて、アートの分野にも応用が始まっている。

一見すると、こうした展示・鑑賞目的での透明標本は研究とは直接結びつかないように感じるかもしれないけど、透明標本の美しさを入口に生物に興味・関心を持つ人々が増えることは、教育という面で大きな意味があると考えられている。

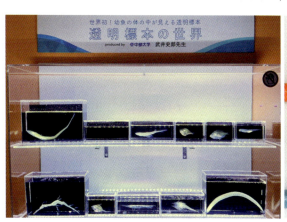
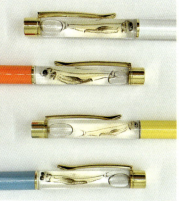

幼魚水族館の透明標本の展示（左）と、透明標本がパーツに組み込まれたボールペン"はだかんぼーるぺん"（右）。

※1……大きく有機溶剤を使う方法（シュバルテホルツ博士の方法、BABB法、DISCO法など）、水溶性試薬を使う方法（Scale法、CUBIC法など）、ゲルに封じ込める方法（CLARITY法など）の3つに分けることができる。技法は研究の用途によって使い分ける。　※2……上田泰己博士、洲崎悦生博士らによる方法。　※3……詳しくはP124を参照。

巻末付録　深海を調べる③

深海生物の観察

深海生物の調査方法は、必ずしも生物を採集することだけではない。深海生物が自然な環境のなかで、どのような行動を見せるのかを観察することも重要な調査方法のひとつだ。ここでは深海生物の観察方法を学んでいこう

ベイトカメラでの撮影

　ベイトカメラとは、カメラを海底に沈めて深海生物を撮影するシステム。深海魚の誘導用のエサ（ベイト／bait）がついたカメラを船から目標地点に目がけて落とした後、カメラごと撮影された映像を回収する方法を採用している。

　ベイトカメラは落とすときにどうしても海流によるズレが生まれるため、回収はそれなりに難作業になる。位置情報を知らせるラジオビーコンや音声トランスポンダは、この回収作業の手がかりとするためのものだ。

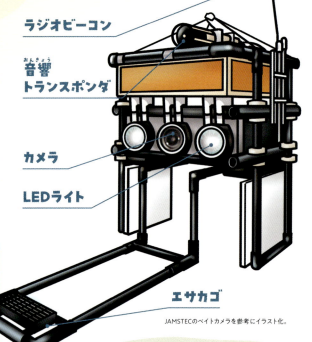

- ラジオビーコン
- 音響トランスポンダ
- カメラ
- LEDライト
- エサカゴ

JAMSTECのベイトカメラを参考にイラスト化。

投下されたベイトカメラ
実際に深海底に設置されたNOAAのベイトカメラ「アイ・イン・ザ・シー」。

写真:NOAA

写真:NOAA

アメリカの有人潜水調査船[アルビン]
NOAAの有人潜水調査船。1964年に開発され、2013年の改良によって水深6500mまで潜行可能となった。

有人潜水調査船

　有人潜水調査船は、実際に研究員が乗り込んで深海調査ができる調査船。JAMSTECの「しんかい6500」やNOAAの「アルビン（Alvin）」などが有名で、深海研究において大きな役割を担う。

　海底を自由自在に動き回ったり、マニピュレーターアームでサンプルを採集できるなどの点はROVと同じだが、カメラではなく窓を通じて実際に深海を観察できるというのが最大の強みだ。無人機のみならず有人潜水調査船も深海調査では重要な意味をもつという。

~DIG DEEP~ 深堀 水中ドローンを用いた探査

（協力・株式会社FullDepth取締役・伊藤昌平）

近年の深海探査では、水中ドローンの活用も広がっている。
採取にも観察にも幅広く対応できる水中ドローンは深海研究をどう変えていくのか？

小型で安価な水中ドローン

近年は産業用水中ドローン[※1]技術の小型化・軽量化が進んでいて、それを用いる形で深海探査の効率は飛躍的に上がっている。

たとえば、株式会社FullDepthが開発する水中ドローンDiveUnit300は最大で水深300mまで潜れて、フルハイビジョンのカメラと6000ルーメンのライトも備える。それだけの性能を持ちながら、その重量はたったの29kg。人の手で投入から引き揚げまでをおこなえるだけでなく価格も安く、従来のROVやAUV[※2]に比べると圧倒的に扱いやすくなっている。これにより、従来はコスト面で断念していた小規模な探査・研究が大きく進む土壌が整いつつあるんだ。

細かな情報の積み重ねも重要

FullDepth社の取締役・伊藤昌平さんは、YouTubeにて水中ドローンを使って探査・撮影した深海映像を公開している。水深1000mまでの深海を対象とする調査だけど、その度に新たな発見があるそうだ。意外な深海生物を見つけることはもちろん、逆に深海生物がまったく観察できないことすらもデータになるほど深海には未知の部分が大きいからだ。伊藤さんは、こうした細かな情報の積み重ねにも大きな意味があると考える。今は些細に見える小さな発見が、後に深海の大きなナゾを解き明かすカギになるかもしれないからだ。

水中ドローンの普及は、こうした細かな情報の蓄積に非常に適している。たとえば、水中ドローンが深海をまるでお掃除ロボットのように隈なく探査することで、これまで地点ごとにしか知られていなかった深海の情報を面でとらえることも技術的にはすでに可能だという。今後、水中ドローンの普及が進めば、こうした面でとらえた情報にもとづいて、より精度の高い探査・研究計画を立てることができる。それは既存の探査方法にもよい影響を与えるはずだ。水中ドローンには既存の探査方法と共存しながら、深海の情報化を大きく進める可能性が秘められているんだね。

写真・株式会社FullDepth

株式会社FullDepthが所有する水中ドローンTripod Finder2。水深1000mまで潜ることができる。

写真・株式会社FullDepth

Tripod Finder2で撮影されたイトヒキイワシ。伊藤さんが深海に興味をもつキッカケとなった魚だ。

写真・株式会社FullDepth

深海探査中の伊藤さん。モニターを見ながら、必要に応じて手元のゲーム用のコントローラーを使って水中ドローンを操縦する。

※1……発電所や海底ケーブル、漁場の調査などに用いられる水中ドローンのこと。　※2……プログラミングされたルートに沿って、自動的に航行して調査する自律型ロボット。

巻末付録 世界ではじめての幼魚を展示するアクアリウム

幼魚水族館の挑戦

育てながら魅せる！

深海生物を調べ研究するうえでは、水族館が果たす役割も無視できない
ここでは監修の石垣先生が運営・管理する幼魚水族館を例にその役割を考えよう

幼魚を文化に

　静岡県清水町にある大型商業施設サントムーン柿田川のなかには、小さな水族館がある。その名も幼魚水族館。世界で初めて幼魚※1をメインに扱うアクアリウムだ。

　幼魚はフツウは水族館のバックヤードで飼育されており、わたしたちが目にする機会はほぼない。入手や飼育が難しく、小さすぎて展示もしづらいことがその理由だ。そういう背景もあってか、幼魚への興味は一般に高いとはいえず、学問の世界においても長らく関心を払われてこなかった。

　そんななか「幼魚を文化に」を合言葉に草の根的に幼魚ファンを増やしながら、その飼育を通じて知見も積み上げていく幼魚水族館の取り組みはとても興味深い。

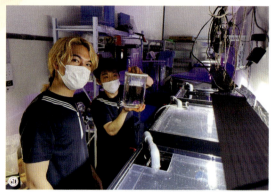

①館長の鈴木香里武さん（左）と保育士長の石垣太陽さん（右）。②漁港の環境を再現した展示。③深海の幼魚コーナー。

タモ網で幼魚採集

　唯一無二の幼魚水族館が生まれた背景には、館長である鈴木香里武さんのライフワークがある。0歳にして両親に連れられて海に通っていた鈴木さんは、幼いころからタモ網を片手に漁港を訪れ、そこに浮かぶ幼魚や幼生を観察してきた。タモ網ひとつで観察できるのは足元から半径5mというせまい範囲だが、そのなかでも500種類もの生物と出会ったという。漁港という比較的身近な空間にも多様な生物が流れ藻※2や漂流ゴミに身を隠しながら流れ着くんだ。

　鈴木さんが長年の観察を通じて魅せられたのが、幼魚たちの多様な"生きざま"だ。クラゲに身を隠すシマガツオやエボシダイの幼魚、枯れ葉のフリをするマツダイの幼魚など……幼魚水族館は鈴木さんの採集活動によって得られた多種多様な幼魚の展示を通じて、彼らのユニークな生きざまを人々に伝えている。

④漁港で生物を探す鈴木香里武さん。⑤シマガツオの幼魚。自然下ではハナギンチャクの幼生の上に乗って身を隠す。⑥エボシダイの幼魚。カツオノエボシの触手に身を隠す。

※1……生まれたばかりの魚が仔魚で、プランクトンを食べるようになると稚魚という。幼魚は一般には稚魚に含まれるが、幼魚水族館では「稚魚から成長して泳ぐ能力をもったものの、完全に成魚にはなっていない段階」を幼魚としている。　※2……海藻が流されて、海を漂っているもの。

人工繁殖・人工ふ化・飼育技術の確立

　水族館には大きく分けて「教育」「レクリエーション」「種の保存」「調査・研究」があるとされている※3。幼魚の展示を通じて果たす役割が「教育」と「レクリエーション」だとすれば、展示の舞台裏でおこなわれているのが「種の保存」と「調査・研究」だ。

　幼魚水族館では幼魚(幼生)を成魚まで育てて、それを卒魚※4させて全国の水族館に無償提供するという活動をおこなっている。なかでもタマゴから海洋生物を育てる人工繁殖・人工ふ化技術、そしてその後の飼育技術の確立は「調査・研究」と「種の保存」の両面において非常に重要な活動のひとつだ。

　特に深海生物の場合、まだ人工繁殖や幼生からの飼育技術が確立されていない種が多い。これらの技術が確立すれば、全国の水族館や研究者に深海生物を安定的に提供する体制も築ける。

　そうすれば長い場合では数年を要した深海生物の入手スピードが上がり研究効率がよくなるだけでなく、長期観察や飼育実験といった研究も可能となる。もちろん、これまでは採集の難しさから研究対象になりにくかった幼生の研究が加速すれば、深海生物の生活史※5の解明にもつながる。

　こうした幼魚水族館の取り組みを見ただけでも、深海調査や研究の場は深海だけではないことがわかる。わたしたちが気軽に訪れる水族館も、深海の神秘を解き明かす研究の最前線にあるのだ。

⑩抱卵中のアカザエビ。⑪人工ふ化されたアカザエビのゾエア。⑫稚エビに成長したアカザエビ。

⑦タカアシガニの人工ふ化作業中。タマゴを容器に移し替えているところ。
⑧ナヌカザメのタマゴ。⑨人工ふ化したナヌカザメ。

幼魚水族館 幼魚屋

〒411-0907 静岡県駿東郡清水町伏見52-1
サントムーン柿田川 オアシス3階
(JR三島駅よりシャトルバスで20分)
営業時間・料金については
幼魚水族館の公式サイトにて

※3……出典：(公社)日本動物園水族館協会公式サイト((公社)日本動物園水族館協会の4つの役割) ※4……幼魚が幼魚水族館での飼育期間を終えること。成魚になること。ちなみに、幼魚水族館では卒魚式も毎年開いている。 ※5……生物が生まれ、死ぬまでの一生で経験する過程や出来事。

さくいん

本書に掲載されている深海生物の和名を五十音順に並べています。

あ

- アオメエソ……071
- アカクラゲ……065
- アカグツ……046-049
- アカチョウチンクラゲ……017
- アカナマダ……044／062-063
- アメリカナヌカザメ……073
- アンモナイト……098
- オウムガイ……077／090／096-099
- オオイトヒキイワシ……066
- オオグソクムシ……079
- オオグチボヤ……115
- オオタルマワシ……082-083
- オオヒカリキンメダイ……053
- オキノテヅルモヅル……111
- オロシザメ……036-037
- オンデンザメ……032-033

か

- カイコウオオソコエビ……012
- カイレイツノナシオハラエビ……043
- カブトクラゲ……113
- カラスザメ……042
- ガラパゴスハオリムシ……013／088
- ギガントキプリス……074／086
- クレナイホシエソ……064
- ゲイコツナマユイガイ……013
- コウモリダコ……090／100-101
- コトクラゲ……114
- コンゴウアナゴ……013
- ゴエモンコシオリエビ……075／087
- ゴマフイカ……070

さ

- サギフエ……066
- サクラエビ……087
- サケビクニン……068
- サンキャクウオ……066
- シギウナギ……070
- シーラカンス……045／058-059
- シロナガスクジラ……105
- シンカイウリクラゲ……106／113
- シンカイエソ……072
- シンカイクサウオ……012
- ジュウモンジダコ……094
- セキトリイワシ……116
- センジュエビ……084-085
- センジュナマコ……104／114
- ゾウギンザメ……028-031

た

- タカアシガニ……074／080-081／088
- タチウオ……070
- タラバガニ……114
- ダイオウイカ……089／112
- ダイオウキビシガイ……017
- ダイオウグソクムシ……075／076-079／088
- ダーリアイソギンチャク……106／110
- ダルマザメ……015／034-035
- テングノタチ……062-063
- デメニギス……043／056-057
- トドハダカ……105

な

- ニュウドウカジカ……045／069
- ヌタウナギ……013／107／115

は

- ヒガシホウライエソ……015
- ハダカイワシ……063／105
- ハナビラウオ……065
- ヒカリキンメダイ……050-053
- ヒメコンニャクウオ……068
- ヒレタカフジクジラ……018-019／023／038-039
- フクロウナギ……015
- ホウズキイカ……091／102
- ホウライエソ……015
- ホオジロザメ……117
- ホタルイカ……103
- ホネクイハナムシ……013
- ボウエンギョ……043

ま

- マッコウクジラ……013
- マメハダカ……070
- ミズウオ……014／070
- ミツクリザメ……019／024-027
- ミツクリエナガチョウチンアンコウ……044／054-055
- ミツマタヤリウオ……067
- ミドリフサアンコウ……071
- ムツエラエイ……019／040-041
- ムネエソ……062
- ムネダラ……117
- ムラサキカムリクラゲ……112
- メンダコ……091／092-095

や

- ユウレイイカ……070
- ユウレイクラゲ……065
- ユノハナガニ……089
- ユメナマコ……107／108-109
- ヨコヅナイワシ……116-117
- ヨミノアシロ……012

ら

- ラブカ……018／020-023
- リュウグウノツカイ……060-061／062／070／089

参考文献（一部）

本図鑑は、さまざまな文献や論文、資料を参考に制作しています。もっと詳しく知りたい情報がある方は、これらの資料をあたってみてください。

- NHKスペシャル「ディープオーシャン」制作班『NHKスペシャル ディープオーシャン 深海生物の世界』宝島社（2017）
- 渥美敏『タカアシガニの種苗生産と稚ガニの長期飼育』静岡県水産試験場研究報告：34（1999）
- 尼岡邦夫『深海魚 暗黒街のモンスターたち』ブックマン社（2009）
- 尼岡邦夫『深海魚ってどんな魚 ―驚きの形態から生態、利用―』ブックマン社（2013）
- 尼岡邦夫『びっくり深海魚 世にも奇妙なお魚物語』X-Knowledge（2022）
- 太田秀『Photographic observations of the swimming behavior of the deep-sea pelagothuriid holothurianEnypniastes』Journal oh the Oceanographical Society of Japan：41（1985）
- 大場裕一『世界の発光生物 分類・生態・発光メカニズム』名古屋大学出版会（2022）
- 大森信『海洋動物プランクトンの生産生態研究の問題 さくらえび研究に関連して』日本海洋学会誌：26（1970）
- 大森信『New Observations on the Bioluminescence of the Pelagic Shrimp, *Sergia Lucens* (Hansen, 1922)』〔収録：Lenz,P.H., at el.『Zooplankton Sensory Ecology and Physiology』Gordon and Breach Pub.（2021）〕
- 岡本一利『タカアシガニの幼生飼育に関する研究―X飼育個体の生残にみられた特徴』静岡水技研研報（2018）
- 岡本一利ほか『タカアシガニ幼生の生残、脱皮間隔におよぼす飼育水、餌料、底質、水温の影響』水産増殖：43巻3号（1995）
- 北村雄一『深海生物ファイル あなたの知らない暗黒世界の住人たち』ネコ・パブリッシング（2005）
- 鬼頭 勇次、清道正順、成田欣弥ほか『ホタルイカにとっての三原則』日経サイエンス：22（1992）
- 猿渡敏郎『アオメエソ属魚類をモデル分類群とした、小型底魚類の生活史に関する研究』KAKEN（2011）
- 白井滋『ダルマザメの摂餌機能に関わる特異な形態について』板鰓類研究連絡会報20（1985）
- 深海と地球の事典編集委員会編『深海と地球の事典』丸善出版（2014）
- 田中章吾ほか『Metabolic responses to food and temperature in deep-sea isopods, *Bathynomus doederleini*』Deep Sea Research Part I: Oceanographic Research Papers：196（2023）
- 鳥羽水族館、もりたき『オオベソオウムガイ卵の近況』https://aquarium.co.jp/diary/2020/07/46995（2024年9月30日閲覧）
- 仲谷一宏『サメ―海の王者たち 改訂版』ブックマン社（2016）
- 仲谷一宏ほか『Slingshot feeding of the goblin shark *Mitsukurina owstoni* (Pisces: Lamniformes: Mitsukurinidae)』Scientific Reports（2016）
- 中坊徹次『小学館の図鑑Z 日本魚類館 ～精緻な写真と詳しい解説～』小学館（2018）
- 福田芳生、三上進、川本信之『生きている化石―オオベソオウムガイの特殊な触手（触鬚）の構造と機能（予報）』化石研究会誌：15（1977）
- 藤倉克則・奥谷喬司・丸山正編著『潜水調査船が観た深海生物 第2版』東海大学出版会（2012）
- 藤原義弘『小学生の図鑑NEO 深海生物』小学館（2021）
- 藤原義弘ほか『First record of swimming speed of the Pacific sleeper shark Somniosus pacificus using a baited camera array』Journal of the Marine Biological Association of the United Kingdom（2021）
- 柳沢践夫『水槽内におけるミツクリザメの行動』動物園水族館雑誌：27（1985）
- 山本智之『ミズウオで知るプラごみ汚染』朝日小学生新聞（2019年8月29日付）
- 横瀬久芳『はじめて学ぶ海洋学』朝倉書店（2020）
- ワン・ステップ『深海のふしぎ 海深くから地球のなぞにせまる』PHP研究所（2016）
- Andrew R. Parker『A Pulsing-Mirror Eye in a Deep-Sea Ostracod』Records of the Australian Museum：75（2023）
- Barry,J.P., Taylor,J., Kuhnz,L., DeVogelaere,A.P.『Symbiosis between the holothurian Scotoplanes sp. A and the lithodid crab Neolithodes diomedeae on a featureless bathyal sediment plain』Marine Ecology.（2016）
- Claes,J.M, Sato,K, Mallefet,J『Morphology and control of photogenic structures in a rare dwarf pelagic lantern shark (*Etmopterus splendidus*)』Journal of Experimental Marine Biology and Ecology：406（2011）
- Compagno,L.J.V.『Phyletic Relationships of Living Sharks and Rays』American Zoologist：17（1977）
- Compagno,L.J.V.『FAO Species Catalogue Vol.4, Part.1 Sharks of the world』FAO（1984）
- Davenport,J『Observations on the locomotion and buoyancy of *Phronima sedentaria* (Forskål, 1775) (Crustacea: Amphipoda: Hyperiidea)』Journal of Natural History（1994）
- Dean,M.N, Bizzarro,J.J, Summers,A.P『The evolution of cranial design, diet, and feeding mechanisms in batoid fishes』Integrative and Comparative Biology：47（2007）
- Diebel,C.E.『Observations on the Anatomy and Behavior of *Phronima Sedentaria* (Forskal) (Amphipoda: Hyperiidea)』Journal of Crustacean Biology：8（1988）
- Deng, Xほか『The inner ear and its coupling to the swim bladder in the deep-sea fish *Antimora rostrata* (Teleostei: Moridae)』Deep Sea Research Part I: Oceanographic Research Papers（2011）
- Douglas,R.H., Mullineaux,C.W., Partridge,J.C.『Long-wave sensitivity in deep-sea stomiid dragonfish with far-red bioluminescence: evidence for a dietary origin of the chlorophyll-derived retinal photosensitizer of Malacosteus niger.』Philos Trans R Soc Lond B Biol Sci.（2000）
- Duchatelet,L, Pinte,N, Tomita,T, Sato,K, Mallefet,M『Etmopteridae bioluminescence: dorsal pattern specificity and aposematic use』Zoological Letters：5（2019）
- Fricke,H, Reinicke,O, Hofer,H, Nachtigall,W『Locomotion of the coelacanth *Latimeria chalumnae* in its natural environment』Nature：329（1987）
- Hellinger,J et al『The Flashlight Fish *Anomalops katoptron* Uses Bioluminescent Light to Detect Prey in the Dark』PLOS ONE：12（2017）
- Hendry,T.A.&Dunlup,P.V.『Phylogenetic divergence between the obligate luminous symbionts of flashlight fishes demonstrates specificity of bacteria to host genera』Environmental Microbiology Reports：4（2014）
- Hiroshi Sakurai.& Gento Shinohara.『*Careproctus rotundifrons*, a New Snailfish (Scorpaeniformes: Liparidae) from Japan』Bull.Natl.Mus.Nat.Sci.（2008）
- Ilan Karplus『The Associations between Fishes and Luminescent Bacteria』John Wiley & Sons, Ltd.（2014）
- Kessel,M.『The ultrastructure of the relationship between the luminous organ of the teleost fish *Photoblepharon palbebratus* and its symbiotic bacteria.』Cytobiologie：15（1977）
- Lindsay, D.J, et al.『The anthomedusan fauna of the Japan Trench: Preliminary results from in situ surveys with manned and unmanned vehicles』JMBA：88（2008）
- MBARI公式サイト https://www.mbari.org/（2024）
- McClain,C.R, Nunnally C, Dixon,R, Rouse,G.W, Benfield,M『Alligators in the abyss: The first experimental reptilian food fall in the deep ocean』PLoS One（2019）
- Merret,N.R, Haedrich,R.L『Deep-sea demersal fish and fisheries』Springer（1997）
- Miller,J.E, Pawson D,L『Swimming Sea Cucumbers (Echinodermata: Holothuroidea): A Survey, with Analysis of Swimming Behavior in Four Bathyal Species』Smithonian Contributions To The Marine Sciences：35（1990）
- Nielsen,J, et al.『Eye lens radiocarbon reveals centuries of longevity in the Greenland shark (*Somniosus microcephalus*)』Science：353（2016）
- Roberts, T.『Anatomy and physiology of the digestive system of the oarfish *Regalecus russellii* (Lampriformes: Regalecidae)』Ichthyological Research（2017）
- Robinson,B.H.,Reisenbichler,K.『*Macropinna microstoma* and the Paradox of Its Tubular Eyes』Copeia（2008）
- Robison, B. H., Reisenbichler, K. R., Hunt, J. C., Haddock, S. H. D.『Light Production by the Arm Tips of the Deep-Sea Cephalopod Vampyroteuthis infernalis』Biol. Bull.：205（2003）
- Sparks,J.Sほ か『The Covert World of Fish Biofluorescence: A Phylogenetically Widespread and Phenotypically Variable Phenomenon』PLoS ONE（2014）
- Norekian, T.P, Moroz, L.L『Neural System and Receptor Diversity in the ctenophore Beroe abyssicola』The Journal of Comparative Neurology（2019）
- Young,R.E., ROPER,C.F.E『INTENSITY REGULATION OF BIOLUMINESCENCE DURING COUNTERSHADING IN LIVING MIDWATER ANIMALS』FISHERY BULLETIN：75（1977）

おわりに

この本の冒頭でも説明したとおり、深海は現代の科学技術をもってしても簡単に入り込める領域ではありません。今日、わたしたちが深海生物の神秘の一端に触れることができるのは、困難な探査や研究を地道に続けてきた研究者や水族館関係者、そして彼らの活動を支える支援者のおかげです。

この本の制作にあたり、多くの研究者の論文や著作、そして水族館の公開情報を参考にさせていただきました。なかでも、監修者でもある石垣幸二先生には、何度となく打ち合わせにお付き合いいただき、監修のみならず画像の提供や各研究者・専門家のご紹介までしていただきました。また、中部大学の武井史郎先生と大場裕一先生には格別のご支援をいただきました。このほか、以下のスペシャルサンクスに名前を挙げさせていただいた方々も含め、すべての皆様に厚くお礼を申し上げさせていただきます。

最後に、この本を手に取ってくださった読者の皆様にも感謝いたします。この本が読者の深海への興味・関心を刺激し、明日の深海調査発展の一助となればそれに勝る喜びはありません。

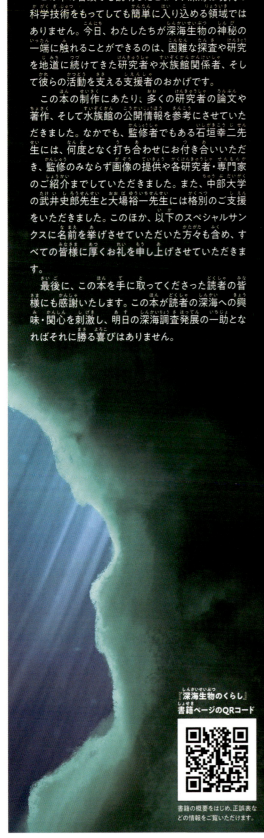

『深海生物のくらし』
書籍ページのQRコード

書籍の概要をはじめ、正誤表などの情報をご覧いただけます。

監修	石垣幸二
企画・制作	株式会社伊勢出版
編集	伊勢新九朗
執筆	山口大樹
絵	キクチモエ
装丁・本文デザイン・DTP	若狭陽一
校正	及川浩平、小林寛明

スペシャルサンクス
（画像提供・情報提供）
石垣幸二
伊藤昌平（株式会社FullDepth）
大場裕一（中部大学）
岡本一利（マリンオープンイノベーション機構）
国営沖縄記念公園（海洋博公園）
沖縄美ら海水族館
海洋研究開発機構
（JAMSTEC ジャムステック）
工樂樹洋（国立遺伝学研究所）
公益財団法人 東京動物園協会
静岡県水産・海洋技術研究所
鈴木香里武（岸壁幼魚採集家）
武井史郎（中部大学）
東海大学海洋科学博物館
鳥羽水族館
有限会社ブルーコーナー
幼魚水族館
（50音順）

読者のみなさま

写真　アフロ／PIXTA

見ながら学習 調べてなっとく
ずかん

深海生物のくらし

2024年12月5日　初版　第1刷発行

監修	石垣幸二
発行者	片岡 巌
発行所	株式会社技術評論社
	東京都新宿区市谷左内町21-13
電話	03-3513-6150 販売促進部
	03-3267-2270 書籍編集部
印刷／製本	株式会社シナノ

定価はカバーに表示してあります。本書の一部または全部を著作権法の定める範囲を超え、無断で複写、複製、転載あるいはファイルに落とすことを禁じます。

造本には細心の注意を払っておりますが、万一、乱丁（ページの乱れ）や落丁（ページの抜け）がございましたら、小社販売促進部までお送りください。送料小社負担にてお取り替えいたします。

©2024 株式会社伊勢出版、山口大樹
ISBN978-4-297-14591-0 C3045　Printed in Japan